# 地平线扫描
# 在科技领域的发展应用

王勇 姜宏 沈卫 郑斌
许凤泉 胡靖伟 谢婧 高京京 编著

国防工业出版社
·北京·

## 内 容 简 介

本书基于国内外文献资料研究，对地平线扫描这种预见方法在科技领域的发展应用进行综述，从背景和内涵谈起，探讨了地平线扫描在战略制定和技术预见过程中的作用，概览了美、英、部分欧亚国家和欧盟、北约等国际组织的科技地平线扫描实践，总结了实施地平线扫描的一般性方法，并对部分地平线扫描实践中给出的方法进行单独介绍，以加深读者理解，最后以美国国防部、英国国防部和欧洲防务局等开展的科技地平线扫描项目为典型案例，围绕项目背景、实施情况、项目成果等方面做出重点阐述，反映了地平线扫描在发现国防科技萌芽和新兴趋势、丰富科技认知和防范科技风险等方面的重要性。本书对地平线扫描的研究还很浅显，旨在向广大科技战略、技术预见和科技情报工作者普及相关知识，推广地平线扫描在科技战略制定和技术预见中的更广泛应用。

#### 图书在版编目（CIP）数据

地平线扫描在科技领域的发展应用/王勇等编著.
北京：国防工业出版社，2025.2. —ISBN 978-7-118-13503-9

Ⅰ.N11

中国国家版本馆 CIP 数据核字第 2025NS6945 号

※

国防工业出版社出版发行

（北京市海淀区紫竹院南路 23 号　邮政编码 100048）
雅迪云印（天津）科技有限公司印刷
新华书店经售

\*

开本 710×1000　1/16　印张 8½　字数 142 千字
2025 年 2 月第 1 版第 1 次印刷　印数 1—3000 册　定价 99.00 元

（本书如有印装错误，我社负责调换）

国防书店：(010)88540777　　　书店传真：(010)88540776
发行业务：(010)88540717　　　发行传真：(010)88540762

PREFACE

# 前　言

以人工智能、量子技术、生命科学为代表的新一轮科技革命加速演进，将深刻改变世界发展格局。面对井喷式的科技革命浪潮，全球各国的科技研发及培育都面临机遇和挑战，科技竞赛暗影浮动，科技创新成为国际战略博弈的主战场。谁先从新兴科技萌芽中敏锐捕捉创新机遇，谁就能掌握发展主动，抢获国家安全和经济发展的新动能；反之若落后，就可能在科技博弈中受制于人，在高科技战场上面临被技术突袭的风险。

发达国家通过技术预见来发现和识别新兴的、未知的或初显端倪的具有颠覆性潜力的技术，并探索使用多种技术预见工具。地平线扫描是为数不多的几种被多国权威机构确定的方法工具之一，近十几年被越来越广泛地采用。英国、新加坡、荷兰都曾有政府层面的地平线扫描项目，用于在政策制定方面发现新兴和意外的问题和趋势，推动系统性和结构化的证据收集过程，旨在理解以下几个问题：正在发生的事情及其原因，导致变化的过程，这些过程、行为主体及其目标之间的关系，变化的未来预期，以及所需的能力和资源。地平线扫描作为一种政策制定工具来指导战略决策，在科学技术领域体现明显。英国政府科学办公室利用地平线扫描来系统地识别潜在威胁和风险、新兴问题和机遇，为首相和内阁成员提供政策建议；日本科学技术政策研究所已利用地平线扫描的方法连续开展了 11 次技术预见活动，为国家制定科技创新的战略和科学技术基本计划提供支撑。

作为国防军事发展中最活跃、最具革命性的因素，新兴科技的发展和扩散引起军事强国的高度关注。正如美国 2023 年版《国防科技战略》所强调，必须利用新兴技术实现国防战略目标。面对海量科技，哪些视野之外的科学技术将开辟新作战域、推进武器装备革新换代、催生新型作战力量和重塑作战体系，是国防决策者面临的重要问题。英国国防部、美国国防部、欧洲防务局和北约科学技术组织都把地平线扫描作为预见国防新兴技术的重要工具。英国国防部主要通过地平线扫描来发现当前国防科技视野之外的潜在科学技术,填补科技认知和发展空白,防止被技术突袭;美国国防部把地平线扫描列入预算在册项目,主要通过不断优化地平线扫描工具方法向决策者和研发人员提供全球科技态势,识别并建议可塑造未来军事能力的新兴科技和颠覆性技术,预测技术趋势和成熟度变化,开展技术评估。可以说,地平线扫描在欧美国防科技领域得到了长足的发展和应用。

相比而言,我国在科技战略和政策制定过程中对地平线扫描方法使用的不多,研究起步也较晚。编者通过检索文献发现,国外大量研究文献始于2000年左右,且多数来自欧美国家,而我国研究人员开始关注和研究地平线扫描大概是2012年左右,近五年研究文献才有所增加。由此可见,我国科技工作者对地平线扫描方法工具的认识还较为陌生。来自中国科学技术信息研究所、中国科学院、北京大学、中国人民警察大学、中国航天系统科学与工程研究院的专家,推动了国内地平线扫描的学术研究与发展。随着国家对科技创新的高度重视,地平线扫描系统的研发也被纳入国家重点研发计划的子课题。尽管如此,我国对地平线扫描方法工具的研究和运用仍处于起步阶段,在科技决策过程中发挥的作用尚未普遍突出,尤其在国防科技领域相对薄弱,因此有必要对地平线扫描在科技领域的发展应用进行系统研究整理,继续向广大科技战略、技术预见和科技情报工作者呈现世界各国的地平线扫描活动,普及推广相关知识,加速地平线扫描在科技战略制定和技术预见中的更广泛应用。这也是本书的编写初衷和原始动机。

本书基于国内外文献资料研究,对地平线扫描这种预见方法在科技领域的发展应用进行综述,从背景和内涵谈起,探讨了地平线扫描在战略制定和技术预见过程中的作用,概览了美、英、部分欧亚国家和欧盟、北约等国际组织的科技地平线扫描实践,总结了实施地平线扫描的一般性方法,并对部分地平线扫描实践中的方法单独进行介绍以加深读者理解,最后以美国国防部、英国国防部和欧洲防务局等开展的科技地平线扫描项目为典型案例,从项目背景、实施情况、项目成果等方面做出重点阐述,反映了地平线扫描在发现国防科技萌芽和新兴趋势、丰富科技认知和防范科技风险方面的重要性。

本书是集体合作的成果,由王勇、姜宏共同提出编写提纲,王勇、姜宏、沈卫、郑斌、许凤泉、胡靖伟、谢婧、高京京共同完成,许凤泉、胡靖伟、高京京还做了大量资料收集分析工作,最后由王勇、姜宏进行统稿。

本书编写过程中,得到了许儒红、耿国桐、侯丹、史腾飞等领导和专家的指导和帮助,以及北方科技信息研究所韩志强、高原、陈永新、宋乐、王磊、刘宏亮、李静、胡阳旭、王敬念等领导和同事的大力支持。本书是在国防工业出版社承接的有关项目资助下得以出版,张冬晔老师为本书的编辑出版做了大量沟通协调工作,付出了辛勤劳动。在此一并表示衷心感谢!

需要说明的是,在本书编写过程中,参考了大量中外文资料,吸收了一些专家学者的研究成果,引用了一些公开图表,不能逐一标明出处,在此表示诚挚谢意!因时间仓促,本书对地平线扫描的研究还很浅薄,并不全面,难免存在疏失之处,敬请各位读者批评指正。

作者<br>2024 年 1 月

# 目 录

## 第1章 绪论 ... 1

1.1 地平线扫描出现的背景 ... 2
    1.1.1 未知与风险 ... 2
    1.1.2 预测未知和未来 ... 3
    1.1.3 科学的预测工具 ... 4

1.2 地平线扫描 ... 5
    1.2.1 定义 ... 6
    1.2.2 与预见的关系 ... 7
    1.2.3 预见和战略过程中的地平线扫描 ... 7
    1.2.4 作用意义 ... 9

1.3 科技地平线扫描 ... 12
    1.3.1 技术预见与技术预测 ... 13
    1.3.2 科技地平线扫描与技术预见/预测 ... 15
    1.3.3 科技地平线扫描与技术观察 ... 16

# 第 2 章 地平线扫描的发展与实施概况 ········ 19

## 2.1 美国的科技地平线扫描 ········ 20
### 2.1.1 美国陆军的科技地平线扫描 ········ 20
### 2.1.2 美国海军的科技地平线扫描 ········ 24
### 2.1.3 美国空军的科技地平线扫描 ········ 25
### 2.1.4 美国国土安全部的科技地平线扫描 ········ 28
### 2.1.5 美国医疗保健研究与质量局的科技地平线扫描 ········ 29
### 2.1.6 美国林业局的科技地平线扫描 ········ 31

## 2.2 英国的科技地平线扫描 ········ 33
### 2.2.1 英国内阁办公室的地平线扫描 ········ 33
### 2.2.2 英国国家筛查委员会的科技地平线扫描 ········ 39

## 2.3 欧洲的科技地平线扫描 ········ 41
### 2.3.1 欧盟委员会联合研究中心的科技地平线扫描 ········ 41
### 2.3.2 欧洲议会科学技术选择和评估专委会的科技地平线扫描 ········ 46
### 2.3.3 欧洲战略和政策分析系统的科技地平线扫描 ········ 48
### 2.3.4 荷兰的科技地平线扫描 ········ 50

## 2.4 亚洲国家的科技地平线扫描 ········ 52
### 2.4.1 日本科学技术政策研究所的科技地平线扫描 ········ 52
### 2.4.2 韩国科学技术评估与规划研究院的科技地平线扫描 ········ 54
### 2.4.3 新加坡的风险评估和地平线扫描计划 ········ 57

## 2.5 其他美盟国家的科技地平线扫描 ········ 60
### 2.5.1 北约科学技术组织的科技地平线扫描 ········ 61
### 2.5.2 澳大利亚学术研究院理事会的科技地平线扫描 ········ 63
### 2.5.3 加拿大药品与卫生技术局的科技地平线扫描 ········ 64

## 2.6 部分国际组织的科技地平线扫描 ········ 65
### 2.6.1 联合国粮食及农业组织的科技地平线扫描 ········ 65
### 2.6.2 世界卫生组织的科技地平线扫描 ········ 66

2.7 中国的科技地平线扫描研究现状 ………………………………… 68

# 第3章 地平线扫描主要方法步骤 ………………………………… 71

3.1 一般性方法 ……………………………………………………… 72
   3.1.1 基于人际网络的德尔菲式(咨询)数据源 ………………… 72
   3.1.2 基于电子网络信息的地平线扫描数据源 ………………… 73
   3.1.3 基于人际网络的德尔菲式地平线扫描的一般性方法 …… 76
   3.1.4 基于电子网络信息的地平线扫描一般性方法 …………… 82

3.2 部分具体领域的方法介绍 ……………………………………… 87
   3.2.1 生态保护地平线扫描典型方法 …………………………… 87
   3.2.2 卫生健康技术趋势的地平线扫描典型方法 ……………… 88
   3.2.3 国土安全领域的技术搜索与地平线扫描步骤 …………… 90
   3.2.4 美国医疗保健研究与质量局的地平线扫描流程 ………… 91
   3.2.5 英国国家筛查委员会的地平线扫描方法 ………………… 92
   3.2.6 联合国粮食及农业组织的地平线扫描流程 ……………… 94
   3.2.7 欧洲议会技术预见活动中的地平线扫描方法 …………… 94

# 第4章 典型国防应用案例 ……………………………………………… 97

4.1 美国国防部科技地平线扫描项目案例 ………………………… 98
   4.1.1 项目背景和目的 …………………………………………… 98
   4.1.2 项目实施概况 ……………………………………………… 99
   4.1.3 技术支持 …………………………………………………… 104
   4.1.4 项目成果 …………………………………………………… 105
   4.1.5 持续发展 …………………………………………………… 107

## 4.2 英国国防部科技地平线扫描项目案例 ·············· 108
### 4.2.1 项目背景和目的 ······························ 108
### 4.2.2 项目实施概况 ································ 109
### 4.2.3 项目成果 ···································· 113
### 4.2.4 地平线扫描的十条戒律 ······················ 116

## 4.3 欧洲防务局科技地平线扫描项目案例 ·············· 117
### 4.3.1 项目背景 ···································· 117
### 4.3.2 实施概况 ···································· 117
### 4.3.3 项目成果 ···································· 118

**参考文献** ················································ 120

地平线扫描在科技领域的发展应用

# 第 1 章

# 绪　　论

## 1.1 地平线扫描出现的背景

### 1.1.1 未知与风险

2002年2月,时任美国国防部长唐纳德·亨利·拉姆斯菲尔德(Donald Henry Rumsfeld)在新闻发布会上被问及伊拉克是否向恐怖分子提供了大规模杀伤性武器时,他讲出一段经典的"绕口令":"有已知的已知,有些事情我们知道我们知道;有已知的未知,也就是说,有些事情我们现在知道我们不知道;但也有未知的未知,有些事情我们不知道我们不知道。"[1-2]这样的回答无疑遭到几乎所有人的讽刺,因为这被认为是无稽之谈。

然而,仔细品味这一说法,就会发现其不无道理,它把不确定性简洁地分成了4种形式,即已知的已知、未知的已知、已知的未知、未知的未知[3]。在当今关于风险预测的研究中,学者则把风险分成5类状态:已知的已知、未知的已知、已知的未知、未知的未知、不可知的未知,如表1-1所列[4-5]。

表1-1 风险的5类状态

| 风险状态 | 描述 |
| --- | --- |
| 已知的已知 | 既可以是抽象的(与已经发生或可能发生的事件相对应),也可以是具体的风险暴露,其征兆或影响可以用现有证据来描述 |
| 未知的已知 | 不是那么抽象地为人所知,但个人或组织的风险经验仍然有必要对其进行管理 |
| 已知的未知 | 一类值得关注的特定类型或类别的风险,但缺乏令人信服的证据证明其作为组织在特定时间的一种具体风险暴露而存在 |
| 未知的未知 | 未被想象出或概念化的可能风险,有与某些特定组织背景相关的佐证,这些证据在萌芽时期可能作为分散的信息存在,而不是作为连贯的风险知识存在 |
| 不可知的未知 | 我们永远不可能知道的潜在风险,只有后见之明,我们才能认为它们可能是可知的 |

不确定和风险的高度对应,使"未知"充满神秘;风险、机遇和挑战的并存,又使"未知"极具诱惑力。

## 1.1.2 预测未知和未来

人类自古就对未知充满好奇和探索,试图通过某些现象来预测未知,把未知变为先知,把不确定性变为可预测性,以早谋对策、抢占先机、规避风险。在中国古代,"豫"字代替"预"字在民间通用,见于《说文解字·象部》:"豫,象之大者。……大必宽裕。故先事而备谓之豫。……俗作预。";还见于《淮南子·说山训》:"巧者善度,知者善豫。";高诱注谓:"豫,备也。"又《史记·扁鹊仓公列传》:"使圣人预知微,能使良医得蚤从事,则疾可已,身可活也。";《汉书·丙吉传》:"时岂预知天下之福,而徼其报哉!"。可见,中国古代人认为,"预知未来"是预先知道将来的事情而事先做出准备的一种行为方式。人们往往因对未来时间上的差距而处于未知状态,预测未知就是一种在这样的状态下探索未来吉凶以及谋求对策的行为。自古以来,"预知未来"就是人们最关心而回旋在心头的事情之一,这个现象具有全世界的普遍性。

在中国,人们预测未知的活动从神话时期就已开始。从殷墟卜辞看,中国古代人早就利用龟甲、蓍草、结绳等工具,对有关自然或者人类的种种事情进行预测[6]。后来,发展出通过天文、地理进行占卜的活动,例如,《周易·系辞上》说:"仰以观于天文,俯以察于地理,是故知幽明之故";《周易·贲卦·象传》说:"观乎天文,以察时变;观乎人文,以化成天下"。在古代其他国家,星象占卜、动物内脏占卜等十分盛行,如古代巴比伦的占星术和两河流域的脏卜术等,通过梦境预测未来也十分普遍[7]。

古人的方法无疑是玄幻的,但随着文明的进步,人类预测未知的脚步并未停息,而是朝着更加科学和可解释的方向发展,甚至形成了一门预测理论及预测学科。所谓"预测学",有时也被称作"未来学",是指用定性或定量分析来探索科学技术和社会发展的前景,揭示按照人类需要所做的各种选择实现的可能性的一门综合性科学[8]。它根据当前世界的情况去预测未来,预测世界将怎样演变,指出什么事情会发生与如何发生、哪些是必然要出现的、哪些是可以控制的。1943年,德国政治学教授奥·弗莱希泰创造了未来学这一术语,提出要把未来作为系统研究对象,要像研究历史那样研究未来[9]。法国学者皮格尼奥认为,未来学的研究公式是"现在-未来-现在",即从现在出发,考虑到未来,又恢复到对现在的关注,以便采取各种措施,应对未来的发展和演变。因此,未来学不单纯是为了预测未来的发展,更重要的是探讨选择、控制甚至改变或创造未来的途径[10]。其研究范围涉及科学、技术、政治、经济、军事、社会、历史、文化、教育等领域。最初,西欧是未来学研究的中心。美国在欧洲现代未来主义思潮的影响和军事科学发展的推动下，积极开展未来研究活动。特别是美国第一个智库机构兰德公司的成立，标志着美国未来研究正式拉开序幕。第二次世界大战后，美国经济实力和科学技术逐渐超越欧洲，大批科学家云集，成立了各级未来研究机构，"最多时曾达600多个，是世界上未来研究专门机构最多的国家"，并成为世界未来研究中心。

随着现代科技的快速发展，研究者开始关注技术对人类的影响，特别是第二次世界大战使人们尤其关注技术在军事上的运用。美国未来学家赫尔曼·卡恩先后发表了《论热核战争》(1960年)和《想入非非》(1962年)，与布朗合著了《今后200年》和《设想难以想象的事》等。卡恩的做法把科幻小说家的取舍和情景描述推给了政策分析家、智库专家，甚至运用到国家战略。西方国家对未来学的重视，让一批学者致力于方法论研究。他们借助其他科学领域的方法研究未来，如马蒂诺的《用于决策的技术预测》、林斯顿等编的《德尔菲法的技术与应用》(The Delphi Method: Techniques and Applications)。从20世纪70年代起，苏联和东欧国家也开始重视未来研究，并把研究活动分为社会经济类和科学技术类。日本长期注重科学技术的未来研究，助推其科技创新能力。20世纪90年代开始，以美国为首的西方发达国家更加重视技术与未来的结合，开展技术的前瞻性研究。美国定期发布《国家关键技术报告》，日本于1971—2019年间共完成11次技术预见活动并发布预见结果，德国、英国等也纷纷多次开展技术预见。这些技术预见结果对国家科技政策和技术战略的制定具有重要意义，对科技界产生了重要影响。

### 1.1.3 科学的预测工具

对未来的科学预测离不开科学的手段工具。已有研究对各种预测工具进行了分类，例如，2008年出版的《技术预见手册：概念与实践》[11]深入研究了19种定性预见工具、8种定量预见工具和9种半定量预见工具，如表1-2所列；2014年，联合国粮农组织列出了类似的工具及其用法和优缺点[12]；经济合作与发展组织(OECD)强调了情景法、德尔菲法、地平线扫描、趋势影响分析4种方法的重要性[13]；2017年，英国政府科学办公室发布了《英国政府未来思考和预见工具》(Tools for Futures Thinking and Foresight Across UK Government)，提及了四类12种工具，如表1-3所列。使用这些工具可以让我们以结构化的方式来看待未来风险和机会。正如美国情报总监办公室官员丹尼尔·弗林(Daniel Flynn)所述，这些工具"是为了在一个无法预知未来的世界里进行未来规划"[14]。

表 1-2  学术研究和政府间机构确定的预见工具

| 定性预见工具 | 定量预见工具 | 半定量预见工具 |
|---|---|---|
| 回溯预测(Backcasting)<br>头脑风暴<br>公民会议(Citizens Panels)<br>会议/工作坊<br>论文/情景描述<br>(Essays/Scenario Writing)<br>专家会议<br>天才预测<br>文献综述<br>形态分析<br>关联树/逻辑图<br>角色扮演/表演<br>地平线扫描<br>情景工作坊<br>科幻小说<br>仿真推演<br>问卷调查<br>SWOT(优势-劣势-机遇-威胁)分析<br>弱信号/突奇意外结果<br>(Weak Signals/Wildcards)<br>基于假设的规划 | 基于主体的建模<br>基准化分析<br>指数法<br>文献计量法<br>专利分析<br>时序分析<br>计量经济学<br>仿真模型<br>系统动力学法 | 交叉影响/结构分析法<br>德尔菲法<br>关键技术法<br>多准则分析<br>投票法<br>定量情景法/交叉影响系统及矩阵<br>(Quantitative Scenarios/<br>Cross-impact Systems and Matrices)<br>路线图<br>利益相关者分析<br>计量经济学、仿真模型和定性分析的混合方法 |

表 1-3 《英国政府未来思考和预见工具》中提及的四类 12 种工具

| 用于收集关于<br>未来的情报 | 用于探索<br>变化的动态 | 用于描述未来<br>可能的样子 | 用于制定和测试<br>政策和战略 |
|---|---|---|---|
| 地平线扫描 | 驱动器映射<br>(Driver Mapping) | 情景法<br>(Scenarios) | 政策压力测试 |
| 七问法<br>(7 Questions) | 不确定轴<br>(Axes of Uncertainty) | 愿景法(Visioning) | 回溯预测 |
| 问题文件法<br>(The Issues Paper) |  | SWOT 分析法 | 路线图 |
| 德尔菲法 |  |  |  |

# 1.2 地平线扫描

预测工具通常有助于制定政策,使政府或组织更有弹性,更有能力采取有效行动。在过去几年里,地平线扫描从众多预测工具中脱颖而出,成为广受关注的工具之一,有些政府或组织甚至建立了专门的地平线扫描团队来辅助决策。

## 1.2.1 定义

"地平线扫描"源于商业领域的环境扫描概念。此概念由美国哈佛大学商学院弗朗西斯·阿吉拉尔(Francis Aguilar)教授于1967年提出,是指获取和利用企业外部环境中有关事件信息、趋势信息,以及组织与环境关系信息的行为,以帮助管理者制定未来规划[15]。随后,各国不同机构根据自身需求对"地平线扫描"给予了侧重点不同的定义描述[16-18],也有学者对这些定义进行了研究[19]。到目前为止,由于地平线扫描相关工具、技术和过程的术语尚未标准化,造成与地平线扫描相关的术语经常混淆。例如,在某些情况下,对未来进行结构化思考的整个过程被称为"地平线扫描",而在其他情况下,它也被称为"预见"(Foresight)或"未来思维"(Future(s)Thinking)。

欧盟委员会在地平线扫描项目中使用的地平线扫描定义为[20]:地平线扫描是发现潜在重要进展早期信号的系统性展望。这些可能是微弱(或早期)信号、趋势、意外的或其他进展、持续存在的问题、风险和威胁,包括挑战过去假设的处于当前思维边缘的问题。地平线扫描可以是完全探索性和开放性的,也可以是基于各自项目或任务目标对特定领域的信息进行有限搜索。它试图在被分析的时间范围内确定什么是恒定不变的、什么是可能变化的、什么是持续变化的;在搜索和信息过滤过程中使用一套标准;时间范围可以是短期、中期或长期。

经济合作与发展组织的定义是:"地平线扫描"是一种通过系统检查潜在威胁和机会来发现潜在重要进展的早期迹象的手段,重点是新技术及其对当前问题的影响。

美国国土安全部认为:地平线扫描是在潜在威胁、机遇和可能的未来进展成为现实或被大规模采用之前,就能够识别它们的系统性过程。

英国食品标准局(FSA)把地平线扫描表述为:"对可能影响食品安全的全球风险、威胁、机遇和可能的未来进展进行系统性检查,这些风险、威胁、机遇和未来进展处于当前思考和规划的边缘,包括政治、经济、社会/文化、技术、法律和环境等驱动因素"。

地平线扫描通常以案头研究(可以在办公桌上完成的市场调研,例如阅读报告或在互联网上寻找信息)为基础,帮助看到待研究问题背后的大视局。它也可以由处于所关注领域前沿的专家小组执行,专家们相互交流观点和知识,以便"审视"新现象可能如何影响未来。不间断的地平线扫描可以为制定预测未来发展的战略提供背景,从而在事情变得紧急之前争取前置时间。它还可以是一种识别和预估未来假设的方法,供情景开发过程使用。

## 1.2.2 与预见的关系

地平线扫描和预见活动的核心功能是更好地预测未来机会或威胁,并确定目前对可能的未来具有重要意义的问题。这两项活动都打开了辩论的空间,发起了关于未来的辩论,以帮助组织了解与其愿望和关切最相关的内容。地平线扫描和预见之间存在着重要的理论和实践差异,这些差异决定了它们的应用模式。预见是一套以过程为导向,包括不同利益相关者的更全面的活动,而地平线扫描则被视为对"信号"的搜索,这些"信号"通常在所有预见活动的开始阶段就会被发现。因此,地平线扫描通常不会开展进一步的意义建构和实施活动。关于意义建构,1.2.3 节将做出阐述。目前,地平线扫描已经发展成为一种自动化的独立方法,用于识别"即将发生的事情",比如收集有关新的科学技术的信息,包括即将到来的社会经济问题和弱小信号,但它仅限于提供这些信息。预见更为广泛,侧重于对话和讨论的形式以及与地平线扫描类似的"经典研究方法",通常用于制定战略(也就被称为"战略预见"),为政策提供建议或为决策做准备。

虽然地平线扫描在预见活动开始时用于识别"即将发生的事情",但这本身并不被视为一项战略制定活动,可以被视为迈向战略的一步,正如预见也只是"规划中的一步"。由于地平线扫描越来越自动化,一些人已经对这种强大的自动化及其"预测"能力(实际上是外推)有所关注,担心决策者不再需要更大型的预见过程,因为地平线扫描提供的信息对许多决策者来说已经足够。对地平线扫描方法的进一步研究表明,这是错误的观点。如同在趋势研究中一样,地平线扫描的发现对每个人来说都是模糊而有价值的,但如果没有将这些知识转化为客户可操作的情报的活动,这些发现就无法被利用。

## 1.2.3 预见和战略过程中的地平线扫描

地平线扫描被整合到一个更广泛的未来思维或预见框架中。该框架描述了对有关进展的政策影响进行评估和理解的整个过程,以及确认预期的未来和有助于实现这些未来的具体政策行动。苏黎世联邦理工学院开发出一个预见过程模型,作为增强瑞士政策制定工作的一部分。该模型有三个阶段(图1-1):第一阶段涉及识别和监测相关事件、趋势、进展和变化,通过使用地平线扫描工具来完成;第二阶段评估和理解由此产生的政策挑战,这需要使用不同的工具;第三阶段涉及设想预期的未来,并根据具体情景的开发来确定实现这些未来的具体政策行动。

| 阶段 | 早期发现<br>(阶段一) | 产生预见<br>(阶段二) | 制定政策方案<br>(阶段三) |
|---|---|---|---|
| 描述 | 识别和监测相关事件、趋势、进展和变化 | 评估和理解政策挑战 | 设想预期的未来和政策行动 |
| 价值链 | 信息 → | 知识 洞见 | 行动 → |
| 政策工具 | 地平线扫描 | 未来预见项目 | 情景 |

图 1-1 预见过程的三个阶段[21]

地平线扫描是战略过程中战略情报阶段的重要组成部分,如图 1-2 所示[22]。虽然它主要是收集信息,但与下一步的意义建构(Sense Making)密切相关,是意义建构的第一要素。意义建构是指通过对信息和经验的整合和解释,从而形成有意义的理解和认知。意义建构的直观意思是"使信息有意义",本质上就是为用户评估所找到的信息是否符合要求,是否与战略相匹配。意义建构理论(Sense-Making Theory)形成于 20 世纪 60 年代,该理论的核心内容是信息的不连续性、人的主体性,以及情景对信息渠道和信息内容选择的影响。

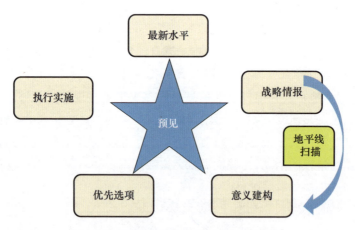

图 1-2 地平线扫描在预见过程中的位置

在预见过程中,需要对地平线扫描结果进行意义建构。一般来说,意义建构过程需要专家或决策者参与。他们根据"相关性"来减小信息的数量和复杂性,而"相关性"取决于专家或决策者已有的认知结构。在其既有认知结构下,他们会对同一态势从不同的角度进行关注,进而使他们在处理和解释关于该态势的信息时有所差异。这意味着在某些情况下,扫描过程可能会排斥与当前认知结构相矛盾的信息,或者也可能做出能够填补当前知识空白的假设。因此,认知结构决定了对信息的解读,进而影响对风险所作出的响应,但这已经超出了最初地平线扫描的过程。

## 1.2.4 作用意义

地平线扫描在前瞻性或预见性活动中发挥着重要作用,帮助解决政策制定者对新问题的需求和关注;探索未来,包括"新出现的问题"和各种各样的信号,并评估"即将发生的事情"的重要性;识别机会,为应对意料之外或快速的变化做好准备。也就是说,地平线扫描侧重于早期发现作为潜在变化指示的微弱信号。正如英国内阁办公室所阐释:这不是关于做出预测,而是系统地调查有关未来趋势的证据;地平线扫描帮助政府分析是否已经为潜在的机会和威胁做好了充分准备,这有助于确保政策能够适应未来不同的环境[23]。地平线扫描的应用包括战略制定、政策制定、风险管理、威胁识别和研究优先排序等方面。

### 1.2.4.1 早期预警系统的组成要素

地平线扫描是对未来潜在威胁及其优先级和有效管理进行的系统性检查,因此是早期预警系统的一个组成要素[24-25]。作为一种用于改善机构规划或政策制定的前瞻性手段,其重点关注潜在的未来态势、危险或机遇。以食品供应链风险评估为例,地平线扫描方法主要考虑到现有的关于产品、加工和更广泛供应链的信息、证据或情报,以及可能影响未来风险的社会经济因素,以便有效地描绘潜在威胁和脆弱性,确定其发生的可能性及防控手段。扫描包括信息收集和信息过滤的过程。可以根据先验知识和为填补知识空白而做出的假设,以及与认知结构相矛盾的信息进行排除过程,以确定哪些被认为是相关信息、哪些是被排除的不相关信息。这会受到已知、未知、可知和不可知的影响。知道与否取决于知识,已知、未知或实有可知的知识相互作用,形成能够"为复杂风险的预测提供图像纹理和锐度"的信息和模式。

地平线扫描需要一套系统的方法来区分它与单纯表达观点的活动以及类似的不太可靠的活动。有必要在对现在及过去的透彻理解基础上,对未来的可能性进行思考,同时寻求重要进展的早期预警信号。气候变化和宗教观引发的恐怖主义就是这些早期信号的案例,这些信号在10~15年的时间里从主流思想的边缘发展成为许多议程的核心问题[26]。

使用系统的方法及过程考虑未来并为战略和政策提供预警信息,在21世纪前十年局限在英国政府内部的几个部门(如国防部)。从那时起,许多部门和政府机构都建立了地平线扫描或未来小组,通常将其作为战略部门或政策规划部门的一部分。1994 年,英国发起了一个专门的未来技术计划——"预见计划"(Foresight Programme)[27]。1999 年,"预见计划"范围扩大至技术与更广泛的市场问题和社会问题之间的相互作用。2002 年,其关注领域进一步扩大,而且后来"预见地平线扫描中心"(Foresight Horizon Scanning Centre)的工作更加强化了该趋势。这一机构启动于 2004 年,在整个公共政策领域开展战略预见工作。其他国家政府的战略预见活动也随着地平线扫描潜在价值的被认可而日渐扩大范围。例如,新加坡的风险评估和地平线扫描计划最初侧重于国家安全,但随后其范围扩大到其他政策领域[28]。

#### 1.2.4.2 确定重要的未来战略问题

地平线扫描作为一种展望未来的手段途经,其重点是未来而不是现在,目的是确定重要的战略问题。大多数情况下,这些问题不同于今天的重要问题[29]。

三地平线(Three Horizons)模型(图 1 – 3)显示出战略问题如何随时间而变化。模型将当前和近期定义为"地平线 1(H1)"。H1 问题在现在具有重要的战略意义,它们是可见的、容易理解的,通常是政府及其利益相关者已经在面对的问题。因此,战略重要性问题是当前政策和战略的重点。随着时间的推移,H1 问题将变得不那么重要。它们可能已经被融入政策或战略,或者它们可能被其他趋势或事件所取代,这些新的趋势或事件现在不太重要,但在中期将变得更加重要——"地平线 2(H2)"。确切地说,H2 将如何发展可能还不清楚,但许多关键趋势和因素——变化驱动因素——定义它已经在发展进行中。监测机构、政策制定者和战略家的任务是密切关注这些问题,探索可能的结果,并根据未来需求调整政策和战略。

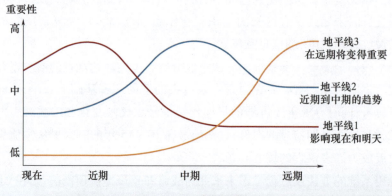

图 1 – 3 三地平线模型

从长期来看,H2 将让位于"地平线 3(H3)",并将出现一系列政策和战略新挑战。这些问题也需要政策制定者做出回应,但目前很难看到塑造 H3 的变化驱动因素,尚不清楚 H3 因素将如何发展,它们将如何相互作用,以及它们未来是否会为利益相关者带去机会或威胁。因此,监测机构、政策制定者和战略家的任务是识别和追踪塑造 H3 的驱动因素。这样做可以使他们对长期未来可能面临的战略挑战和选择产生预见,并探索可能需要什么样的政策或战略来维持成功。

因此,未来战略问题主要着眼于中长期:"地平线 2"和"地平线 3"。这些工具和手段帮助政策制定者识别变化驱动因素,探索它们可能组合起来共同改变未来政策环境的各种方式,并考虑最佳的政策回应可能是什么。"中长期"的含义并没有固定的定义。时间框架是在项目的基础上根据相关因素(如技术开发、市场开发、消费者认可和系统变化)定义的。对于一些项目来说,这可能意味着考虑相对较近的未来,比如 15~20 年,而对于其他项目来说,这可能意味着 50~60 年。

确定和描绘变化驱动因素——影响政策领域长期发展的关键趋势和因素——是大多数未来和预见工作的核心。变化驱动因素通常被描述为政治、经济、社会、技术、更广泛(全球)背景下的立法或环境因素(英文缩写为 PESTLE)。在确定变化驱动因素时,超越当前的政策环境至关重要。许多影响"地平线 2"和"地平线 3"发展的驱动因素将出现在政策领域之外,因此要有广阔的思路和捕捉广泛的驱动因素。识别越多的驱动因素总是更好的(不相关的因素可以在以后被抛弃),而不会因考虑得太狭隘而错过对未来可能重要的因素。

通常很容易理解当前和不久的将来在某个政策领域内部和周围要出现的情况。重要的 H1 趋势和事件从背景中脱颖而出,它们的影响向决策者发出了明确的信号。然而,扫描者向前看得越远,这些信号就越弱,发现其踪迹并理解它们的含义就越困难。地平线扫描侧重于识别和理解这些弱信号,如图 1-4 所示。扫描者可能会发现,很少或根本没有与它们相关的明显证据,最初很难准确地识别未来将会产生什么影响。他们可能也会发现,同样难以解释为什么他们认为微弱的信号很重要。不过这

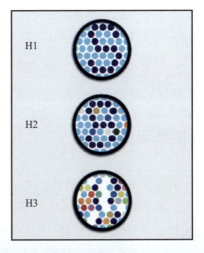

图 1-4 信号强度表示

都不是问题,在缺乏有力明显证据的情况下,扫描者应该相信自己的直觉,因为直觉告诉他们,一个微弱的信号可能预示着未来具有重要战略意义的事情。

#### 1.2.4.3　地平线扫描被用作政策工具

地平线扫描作为预见过程的一部分,可以帮助解决各种各样的决策需求,还可以产生重要的信息(例如识别重要的趋势或进展),并帮助获得处理未来问题的前置时间,或者作为情景开发过程的输入。地平线扫描有利于确保政策制定"跳出常规思维",并能够"通过提前规划不太可能发生,但可能具有高影响的事件来管理风险"。更广泛地讲,把来自不同背景和学科的专家、决策者聚集在一起会带来好处。然而,重要的是要认识到,开展地平线扫描超出了坚实的证据基础,而依赖于参与这项工作的人的直觉。

地平线扫描的过程被认为包括两种不同的形式:①连续扫描活动,持续保持概览(通常通过定期的新闻快讯);②定期但不连续的活动(如每5年一次),为特定目的、根据需要或在特定场合进行的临时地平线扫描。目前,不同的机构已经确定了许多不同的地平线扫描方法。例如,联合国粮农组织开发了一类方法,包括最佳-最差扫描,用于确定趋势或发展的优先次序;德尔塔扫描,用于从其他地平线扫描过程中捕获已确定的趋势和进展;专家咨询,用于挖掘专业知识;人工扫描,用于识别变化信号,跟踪趋势和驱动因素。

在世界上一些国家地区,地平线扫描已明确纳入决策过程,例如,英国已通过内阁办公室将地平线扫描纳入其中央政策制定。英国把地平线扫描作为更大的预见过程的一部分,用于收集有关趋势和进展的信息(监测)并探讨其可能的影响。地平线扫描还被用作一种机制,让人们参与未来思考,并创造有利于深入洞察不断变化的政策环境的工作平台。例如,新加坡、荷兰和瑞士开展了类似的工作。其中,新加坡的工作重点集中在地平线扫描过程的自动化上。

## 1.3　科技地平线扫描

科技地平线扫描,顾名思义,就是地平线扫描方法及手段在科技领域的延伸应用。地平线扫描通过系统性检查科技领域潜在的威胁和机遇,探测识别潜在重要技术发展的早期信号,关注新兴技术及其未来影响。在《科学技术地平线扫描:开启创新之路》一文中[30],英国国防科技研究人员阐述了英国国防部对地平线扫描的需求:通过地平线扫描,对尚未纳入研究项目、此前未被关注的科学技术各领域进展进行系统性检查;利用发现的早期信号或知识,增大将新进展转化为应用机遇的潜力;为国防部在战略制定过程中理解新兴技术影响、规划技术利用和开发反制对策提供前置时间;在激发国防科技创造力方面发挥核心作用。总之,科技地平线扫描旨在发现识别以前未被认为有业务相关性的技术,进而研提发展该技术的可能价值,也就是在早期发现新的科技机遇、防范被技术突袭方面扮演重要角色,支持技术预见活动。

## 1.3.1 技术预见与技术预测

技术预见(Technology Foresight)是由大规模技术预测德尔菲调查活动演化而来,可以说源于技术预测(Technology Forecasting)。技术预测形成于美国,并于20世纪40年代兴起,被应用于美军科技计划的制定;20世纪40~60年代之间,定量预测很受重视,且在70年代发展较为成熟;这期间,借助数学方法进行的技术预测在军事、航天等领域得到发展。20世纪70~80年代,这种量化的技术预测在民用领域受到冷落,原因有二:一是模型中科学、技术、经济、社会等假设条件多,一旦有变,预测结果的可靠性就下降,而那时社会生活各领域开始变得复杂和不稳定;二是市场竞争加剧,工商业活动复杂性加大,传统预测方法难以适应瞬息万变的市场环境。在量化的技术预测日渐式微的同时,以定性方法为主的技术预见逐步受到关注,日益发展成国际潮流。20世纪90年代中期,"Technology Foresight"在文献中使用的频率超过了"Technology Forecasting"和"Technological Forecasting"。尽管如此,技术预见的兴起并不意味着技术预测会退出历史舞台,技术预测的方法仍然可以作为技术预见的辅助手段[31]。

在很多应用领域,技术预见和技术预测曾一度被用作可互换的同义语,二者的界限较为模糊,例如,美国情报高级研究计划局(IARPA)曾承担一项科技预测项目,项目名为"从科技说明文中进行的预见和理解"(FUSE)。不少学者对技术预见和技术预测的概念内涵进行过深入研究。有学者认为[32],传统的"技术预测"目的仅是准确地预言、推测未来的技术发展动向;而"技术预见"则是旨在通过对未来可能的发展趋势及带来这些发展变化的因素的了解,为政府和企业决策者提供作为决策基础的战略信息。预见活动的假定条件是:未来存在多种可能性,最后到底哪一种可能会变为现实,则要依赖于我们现在所做出的选择。因而就对未来的态度而言,预见比预测更积极。它所涉及的不仅仅是"推测"而且更多的是对我们(从无限多的可能之中)所选择的未来进行"塑造"(Shaping)

乃至"创造"（Creating）。有学者认为[33]，技术预测旨在提升技术竞争力，用于技术规划的初期阶段，预测内容是包括技术发展方向和发展速度等在内的技术趋势，旨在加强技术选择的准确性、提升技术管理能力；技术预见倡导的基本理念是，在对科学、技术、经济和社会在未来一段时间进行"整体化预测"的基础上，"系统化选择"具有战略意义的研究领域、关键技术和通用技术，利用"最优化配置"手段最终实现经济与社会利益最大化。也有学者认为[34]，技术预见强调对科学、技术和经济的长远前景进行系统性调查，旨在识别战略研究的领域以及能产生最大经济和社会效益的新兴通用技术。在关注层面上，技术预测的关注点在于对突破性技术的识别，而技术预见着眼于国家层面，强调政府在识别社会理想的技术（Social Desirable Technologies）中所起的重要作用；在时间维度上，较之于技术预测，技术预见关注更为长远的未来和更侧重战略性的决策。黄鲁成等人比较了技术预见和技术预测的区别，两者的区别如表1-4所列。

表1-4 技术预测与技术预见的差异

| 比较项目 | 技术预见 | 技术预测 |
| --- | --- | --- |
| 研究基础 | 以专家的主观推测为预见基础的定性分析，如德尔菲法、情景分析和头脑风暴等 | 基于技术的历史数据的定量分析 |
| 研究成果周期 | 长周期预见20~30年，中期预见5~15年，短期预见3~5年 | 与技术预见相比，周期较短 |
| 实施主体 | 以政府部门为主，包括大企业 | 企业或研发机构 |
| 运用范围 | 大领域整体扫描，国家层面的宏观预见，大专题的行业技术中观预见等；从科学、技术、经济和社会的大系统考虑 | 强调技术对社会和经济的单方面作用，停留在趋势展望的层次上 |
| 作用对象 | 一般为技术群 | 一般为单项技术 |
| 研究内容 | 国家层面：为国家科技政策明确未来科技发展趋势，确定优先发展技术领域区域或行业层面：找出具有较高科学价值和社会经济潜力的技术领域，确定区域或行业的科技发展战略 | 未来可能出现的新技术，该技术何时能达到何种性能水平；技术发展阶段性及方向、技术路径与轨道的判断；技术前沿分析；新技术产业化潜力判断；技术热点与空白点分析（功效矩阵）；技术提升途径分析（重点创新方向）；技术竞争对手分析等；新技术与概念性产品扫描；选择针对探索性预测中出现的技术而设计的相应措施 |
| 研究目的 | 更积极地对未来进行塑造，挑选符合技术、经济、社会利益最大化要求的技术 | 重点在于展望技术自身发展 |

续表

| 比较项目 | 技术预见 | 技术预测 |
|---|---|---|
| 最终产出结果 | 前沿学科领域(主题清单);<br>主要技术领域清单;<br>次级技术领域优先性;<br>主要技术领域的领先国家;<br>本国在重要技术领域的地位;<br>本国达到领先水平的时间;<br>驱动技术发展的主要因素及对策建议;<br>技术发展的主要障碍及对策建议;<br>实现领先水平的措施 | 围绕"研究内容"的"技术未来分析报告" |

## 1.3.2 科技地平线扫描与技术预见/预测

就如地平线扫描是一种重要的预见工具一样,科技地平线扫描也是技术预见的关键工具之一,在预见过程的开始阶段进行技术"信号"搜索。在技术预测应用中,地平线扫描也被认为是对新兴技术提供预警或早期指示的工具或技术。因此,在科技地平线扫描的探讨中,不特意区分技术预见和技术预测。对新兴趋势和技术的理解支持科技战略规划。例如,2016 年,澳大利亚国防科技集团陆上分部为澳国防军战斗勤务支援部门进行了一次新兴技术和趋势分析[35],主要采用了地平线扫描的方法。研究人员对电力能源、运载、自动化和自主系统、材料制造、传感器、信息与通信技术、健康技术等领域开展科技文献和技术报告扫描,得到 36 项新兴技术,对感兴趣的技术进行了可用性和潜在成本评估,并与现有可用的技术比较,对比前一年的地平线扫描结果,然后基于新兴趋势和技术分析更新以前的发展建议。该地平线扫描报告最后还提出建议,包括"持续开展地平线扫描和影响分析研究,对已确定的威胁和机会领域进行'深研'"。2021年,欧洲防务局开展技术预见活动[36],旨在为国防的未来多种可能性提供高水平的长期愿景,为长期的战略支柱提供重要输入,特别关注技术的影响,识别影响国防的"游戏规则改变者"和趋势。在预见活动开始就指出,技术观察(Technology Watch)和地平线扫描解决了技术评估所需的首个要素:识别和收集技术趋势。欧洲委员会认为,处于早期发展阶段的技术可能会影响未来,连年发布年度科学技术弱信号扫描报告,为各类预见过程提供信息[37]。北约把地平线扫描结果作为科技趋势预测和探索科技前沿的重要输入[38];通过地平线扫描对赛博威胁等相关新兴技术进行了识别,并主张通过地平线扫描、战略预见分析等方法持续系统地收集有关新兴科学技术发展及其潜在影响的情报,以提供早期预警信号[39]。

### 1.3.3 科技地平线扫描与技术观察

在多个场合,科技地平线扫描和技术观察同时存在,其结果均被用于技术预见/预测和战略决策支持。例如,美国防部的科学技术预测工具包括技术观察和地平线扫描工具[40];欧洲防务局技术预见活动的首要输入也是技术观察和地平线扫描所识别和收集的技术趋势;北约预测2020—2040年科学技术趋势,将北约科学技术组织的技术观察活动作为重要信息源之一,其中包括技术观察和冯·卡门地平线扫描(von Kármán Horizon Scanning)。英国国防科技实验室认为,各活动集群通过技术观察可保持对各自领域全球进展的了解,但对于那些国防相关性尚未被识别或国防部视野之外的科技领域,需要地平线扫描进行补充,以实现对一些科技发展进行早期"浅层"评估,包括从基础科学发现到现有可用的装备。

从功能来看,地平线扫描和技术观察都是对技术"信号"进行搜索,用于识别和收集科技发展动态和趋势,但二者又有差异。技术观察是系统地收集已知技术的信息和发展趋势的过程,这些技术往往已经显示出重要应用价值,成为重点跟踪对象。通过技术观察,可掌握全球相关领域的进展。但是,技术观察通常是局限在某个已知应用范围内进行的,这样的话,尚未确定是否存在应用可能科学技术领域就很少或没有得到审视。对于那些尚未被发现有重要应用但可能有潜力的技术,技术观察过程容易将其忽视。作为技术观察的补充,地平线扫描增加了对当前科技视野之外的新进展的关注,从捕捉的弱信号中发现趋势,有利于发掘新技术的应用潜力。地平线扫描覆盖范围更广、深度相对浅一些,填补了那些已经被观察监测的技术主题之间和周围越来越多的大量空白。最重要的是,它还能让人在地平线扫描过程中识别出有很高潜在价值的点,这些点此前尚未被观察监测,或者是尚未了解的技术。

在国防领域,技术观察就是监测已知的具有国防应用的技术,是针对已经想到的某种或某系列应用而开展的,通常对相关技术集有很好地理解;地平线扫描就是监测除已知国防技术之外的其他科学技术,这些科学技术多处于较浅的研究萌芽阶段,地平线扫描力求识别那些此前认为与国防不相关地技术,并提出当前正为非国防应用而开发的技术所可能具备的(国防)价值。简言之,地平线扫描作为技术观察的补充,其明确的角色就是,对当前落入国防科技视野空白处的科技进展提供"浅层"早期评估。

地平线扫描和技术观察的差异和各自特点如表1-5及图1-5所示。

表1-5 地平线扫描与技术观察对比

| 技术观察 | 地平线扫描 |
| --- | --- |
| 正开发的军事技术 | 正开发的军事技术之外的科学技术 |
| 新技术的成熟和旧技术的新应用 | 新技术的萌芽和新的科学概念 |
| 已显示出军用价值 | 尚未发现军用价值但可能有潜力 |
| 局限在已知范围内 | 全维度宽范围无偏见 |
| 强信号 | 弱信号 |
| 提供深度分析 | 提供浅层早期评估 |
| 可产生增量式创新 | 可产生变革性创新 |
| 可带来已知颠覆性 | 可带来未知颠覆性、突袭性 |
| 描述当前的竞争 | 引领未来的竞争 |

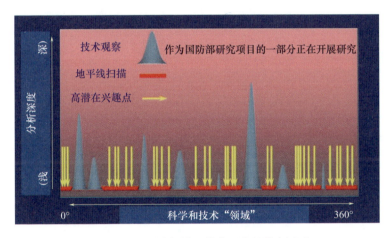

图1-5 地平线扫描和技术观察的特点图示

# 第 2 章

## 地平线扫描的发展与实施概况

## 2.1 美国的科技地平线扫描

美国的科技地平线扫描主要涉及与国家和民众安全密切相关的领域,主要执行机构包括美国国防部、陆海空军、国土安全部、医疗保健研究与质量局、林业局等。其中,美国国防部的地平线扫描比较典型,将在后面的典型案例中详细介绍,本节重点概述其他美国机构的地平线扫描情况。

### 2.1.1 美国陆军的科技地平线扫描

美国陆军开展科技地平线扫描的组织机构有负责研究与技术的副助理部长办公室、陆军科学委员会等。

美国陆军科学委员会是美国陆军最高级别的科学顾问委员会,其前身是1954年11月成立的"陆军科学顾问小组",其宗旨是为美国陆军部长、参谋长及指挥官等,提供与陆军相关的科学、技术、制造、采购、后勤、运营管理等方面的咨询和建议,以指导陆军科研,保持美国陆军的优势[41]。美国陆军科学委员会的主要任务之一是前瞻打造未来陆军。近年,美国陆军科学委员会大力开展"陆军科学技术核心能力""陆军决定性战略和远征机动""加强远征军的韧性和持续作战能力""人才管理和下一场训练革命""培育陆军创新文化"等研究,全面支持美国国防部推行"第三次抵消战略"、实行"全球一体化作战"、实施"未来部队计划",为美国陆军保持技术优势、向"全谱多能"转型、提升"多域战"能力、发挥官兵灵活性和创造力等奠定了坚实基础。

美国陆军科学委员会认为,未来将面临商业实体、公共和私人科学技术和研发以及政治军事发展和经济等外部因素快速变化的动态作战环境,为了迅速适应这种混乱的环境并恢复秩序,陆军必须通过预见、承担风险和采取计划等手段将潜在的挑战转化为机遇。美国陆军通过地平线扫描和微弱信号分析等手段,能够领先于成本和创新曲线,设计可快速集成新技术的部队,并开发新的支持基础设施,令部队能够执行多域作战任务。早在2013年,美国陆军科学委员会就建议采用国防部的"地平线扫描"策略,来确定陆军科学技术战略投资方向[42]。

负责研究与技术的副助理部长办公室是主管美国陆军科技的行政机构,其主要职责包括了解部队当前和未来的能力需求,识别利用新兴科学技术满足需求的机会,有选择地投资开发和演示技术解决方案,与外部合作提高效率和加速技术转化,为采办项目提供技术成熟度指导,保持陆军高质量的科研队伍和实验室基础设施,与决策者和利益相关者沟通愿景和战略,最终实现通过技术发明、创新、成熟和演示,提升当前和未来部队的能力。

2015—2019年,美陆军负责研究与技术的副助理部长办公室委托未来侦察公司(FutureScout),对美国和国际政府机构、行业领导者、智库、其他密切关注科技趋势的组织所发布的开源地平线扫描报告进行了综合研究,先后编制了五版未来30年新兴科学技术趋势报告[43]。

未来侦察公司是一家数据科学和分析公司,专注于为美国国防部科技界提供技术感知、地平线扫描和兵棋推演能力。公司开发出用于识别新兴科学和技术趋势的定量模型,该模型指导了美国陆军超过20亿美元的年度研发资金。未来侦察公司的创始合伙人贾森·奥古斯丁是该项目的核心人物之一,他在2020年加入了BluePath Labs公司。这是一家研究、分析和战略规划公司,把先进数据技术与其使命和商业洞见力相结合,为美国政府和军方提供数据支撑的措施建议。贾森·奥古斯丁负责其数据科学和分析业务,使用传统的统计建模和尖端的机器学习和人工智能技术,从结构化和非结构化数据中发现关键问题。

2020年以前,贾森·奥古斯丁主导了美国陆军资助的未来30年新兴科学技术趋势报告。以2016年出版的《2016—2045年新兴科学技术趋势重要预测综合报告》为例,该报告有两大主要目标:一是使陆军领导层以及整个军队联合、跨机构及国际机构的利益相关者了解有可能影响未来作战环境并塑造未来30年作战能力的科学技术趋势;二是鼓励陆军开展关于科学技术的战略对话,确保士兵在未来行动中保持优势。这也是负责研究与技术的副助理部长办公室开展的更广泛的技术兵棋推演项目的一部分,该项目旨在提供战略预测研究与分析,用于支持科学技术投资规划和"联合探索"(Unified Quest)项目,其中,后者是陆军每年关于未来研究的固定项目,由陆军参谋长资助、陆军能力集成中心负责实施。

在报告中,美国未来侦察公司认为,有可能形成未来30年科学技术革命的背景因素是城市化、气候变化、资源约束、人口统计学变化、创新全球化和全球中产阶级的崛起等。在综合分析了过去五年美国及国外政府机构、行业分析机构、学术组织和智库发布的32份科学技术预测报告基础上,未来侦察公司从中识别出最有可能对未来30年陆军利益产生革命性或颠覆性影响的趋势,最终确定机器人与自主系统、增材制造等24项新兴科技趋势。

未来侦察公司的研究团队先是广泛扫描有关预测趋势的公开出版文献,然后利用语义分析对相同主题的预测条目进行预测,最终确认新趋势。具体来说,研究团队对 32 份参考文献中提出的信息进行汇总,共得到 690 条趋势;为便于进一步深入分析,团队创建了一份 Excel 表,列出各文献提出的趋势,以及与该趋势对应的摘录信息、引文和页码;在上述工作的基础上,团队接着对若干相似趋势进行归类,然后用潜在语义分析法得到初始候选趋势条目。潜在语义分析法是一种用于确定一组文本相似度的统计分析方法,该方法及相关技术广泛应用于搜索引擎中,功能是根据用户的查询命令查找与之匹配的网站内容。在该研究中,潜在语义分析法的作用是确定一组潜在语意相同的趋势条目。

该分析过程主要有如下 5 个步骤:一是对从趋势数据库中提取的引文进行预处理,去掉标点符号和无意义的词汇,比如"the"等相对于文本的含义没有任何信息的词。二是对文本数据进行标记,包括将各引文转换成包含引文中出现的所有独特词汇的矢量,并记录词汇出现的频率。三是建立标记数据的 tf－idf(词频－逆向文档频率)模型。tf－idf 模型是一种数学统计方法,是衡量特定词汇对某段文字重要性的方法。某个词汇的 tf－idf 值与其在文中出现的次数成正比,然后根据该词在整个数据库中出现的频率进行修正,因为某些词本身的频率就偏高。这一方法赋予含义更丰富的词汇更大的权重,因此也是用于将相关数据划归为一类的更好的参考点。四是利用 tf－idf 模型得到的结果计算出各条趋势的余弦相似性。余弦相似性是衡量两个文本相似度的方法。在本研究中,需要建立余弦相似性矩阵,给出数据库中任意趋势预测条目之间的相似度。五是利用 Ward 方法进行聚类分析,根据余弦相似性矩阵确定初始新兴趋势集。与 K－means 等其他聚类不同,Ward 方法不需要分析人员事先确定聚类的数量,因此可以作为确定数据库中最佳聚类数量的试探性方法。最终确定聚类的工作是下一步编码阶段的重点。

编码阶段的工作包括定量分析和调整基于统计分析的聚类结果,用于确定一组主题的内聚集合。该步骤对于得到最终的新兴趋势集合来说是必要的,因为它可以弥补潜在语义分析的缺陷。比如,潜在语义分析并不能处理有歧义的情况,即词汇有多种含义的情况。同样的,潜在语义分析根据语境分析深层结构的能力也有限。实际上,潜在语义分析虽然在第一遍确认一组反映相同趋势的聚类时可以发挥作用,但为了保证这些聚类真正有价值,还需要人来判断。将定量与定性分析相结合,可以做到客观分析的同时还能确保所提取的新趋势准确地反映了原始文档的内容。

研究团队不仅将关注重点放在科学技术趋势上,同时还注意到可能影响未来科技趋势走向的非技术性因素,如政府、工业部门和院校等,通过提及率和相关条目数占比来展示技术趋势的受关注程度。提及率衡量的是探讨某条趋势的源文献占总文献的百分比。提及率的取值区间为10%~76.67%,分别对应"工作性质变化"(总共30篇中的3篇)和"机器人与自主系统"(总共30篇中的23篇)两条趋势。图2-1示出了所有24条科学技术发展趋势相应的提及率,体现了文献库中有多少文献对某一趋势进行了探讨。而相关条目数占比衡量的是整个文献库中有多少条目是关于某个趋势的,因为有些趋势在某篇报告中反复讨论。也就是说,相关条目数占比衡量某个报告中对某条趋势探讨的频度。因此,相关条目数占比可以反映某条趋势在整个数据库中的聚焦程度。图2-2是总共24条关于科学技术发展趋势的相关条目数占比。相关条目数占比的取值为0.85%~10.59%,分别对应"教育"(与技术相关的总共472条中的4条)和"机器人与自主系统"及"社会赋权"(与技术相关的总共472条中的50条)。

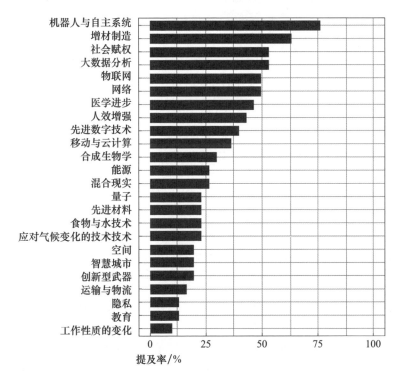

图2-1 所有24条科学技术发展趋势相应的提及率

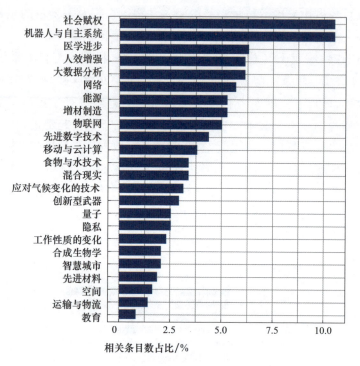

图 2-2 24 条关于科学技术发展趋势的相关条目数占比

## 2.1.2 美国海军的科技地平线扫描

美国海军开展科技地平线扫描的机构主要涉及海军水面战中心达尔格伦分部。该机构成立于 1918 年,是美国海军复杂海上作战系统的研发、试验和鉴定部门,在新作战概念、综合作战系统等系统工程领域,目标指示、火控计算等计算科学领域,数学、物理、化学、工程等研发领域,以及试验鉴定领域有长期积淀,近年来在电力武器、先进材料、分布式网络、无人自主系统、先进传感器等领域有较好的研究基础,其愿景是为 21 世纪设计、开发和集成技术先进的作战系统。根据其发布的《2021—2025 战略规划》,正在大力推进智能自动化、软件工程革命、数字化工程、高超声速武器、信息优势、信息技术现代化等方面工作。该机构在信息与计算科学领域优势显著。

2013 年,美海军水面战中心达尔格伦分部就已经为国防部的"技术观察/地平线扫描"原型系统开发了识别新兴技术领域的算法,针对英文论文和关于新发现的文章开展文献计量分析。2021 年 3 月,海军水面战中心达尔格伦分部发出公告,寻求与相关公司合作,在技术观察和地平线扫描领域进行知识产权文献计量分析[44]。2022 年,海军水面战中心达尔格伦分部的研究人员与 Digital Science 公司、Sciligent 公司合作,开发一种用于地平线扫描的文献计量学方法,用于从科技文献中发现新兴主题,并通过分析近五年约 1400 万份论文、专利、资助情况文档对该方法进行了验证。Digital Science 公司是一家致力于为科学研究过程提供数据服务和工作流解决方案的软件科技公司。公司旗下拥有 Dimensions 学术文献检索及管理平台,汇聚了期刊、图书、专利、临床试验等多种类型的学术成果,包括科研人员为获得资助而提出的科学想法、反映商业领域趋势和创新的数据源等,具有强大的信息查询和关系关联功能。Dimensions 平台是地平线扫描的理想基础,是关于科技地平线扫描的最大数据语料库,支持识别弱信号、早期预警信号、趋势和异常现象,帮助世界各地的政府和资助者识别"未知的未知"。Sciligent 公司擅长运用定量、统计方法对科技相关活动和事件进行战略分析,预测新兴技术及其对工业和政府的颠覆性影响。

## 2.1.3 美国空军的科技地平线扫描

早在美国空军成立之前,其前身——陆军航空兵就有与科学技术进步紧密相随的传统。1945 年,航空动力学家西奥多·冯·卡门领导的团队为陆军航空兵完成了第一个科学技术愿景报告,编写出版了《通向新地平线》。冯·卡门认为,"只有对科学保持持续的好奇态度,并不断快速适应新的发展,才能维护国家的安全。"在《通向新地平线》中,他提倡新研发,如超声速飞机、防空系统和无人驾驶车辆等,以及更广为人知的是帮助美国赢得冷战的弹道导弹。这项开创性的工作推动了美国科学实验室系统和测试基础设施的建设。近些年来,美国空军的发展目标之一仍然是继续追求改变游戏规则的技术,把地平线扫描作为预测未来和长期战略规划的重要手段。2010 年,其公布了最初的环境扫描报告,并分别于 2014 和 2016 年进行了更新,这为其识别重要投资方向提供了输入。一般而言,美国空军可能每 4~6 年进行一次大扫描,中间每两年开展一次小扫描,描述其面临的复杂、动态、多样化环境[45-46]。2019 版的美国空军《科技战略:为 2030 年及之后强化美国空军科技》明确提出,要利用地平线扫描和建模、仿真、分析来指导投资决策,生成技术路线图,跟踪技术的成熟、机遇和差距[47]。

美国空军部长和参谋长都支持这类战略预见工作,并成立了由 1~2 星将军和相应级别文职人员组成的中高级战略委员会,负责审查和发布空军战略环境评估文件。引入该级别领导是为了使他们更早的了解预见过程,这样当他们成为决策者时，就能理解其所做战略决策背后的种种未来场景假设。2019 年，兰德公司在美国空军负责战略规划和需求的副参谋长下属的战略、概念和评估主任的支持下，举行了结构性研讨会，并基于研讨结果发布了《评估未来趋势以支持空军战略环境评估》的报告。在上级领导的持续重视下，美国空军首席科学家办公室、空军未来中心和空军研究实验室等部门都在利用地平线扫描实施战略预见。

美国空军首席科学家办公室在科技地平线扫描中发挥着重要作用。作为空军最高级别的科技代表，空军首席科学家的职责包括担任空军部长、空军参谋长和太空作战负责人的首席技术顾问，对影响空军任务的广泛科学技术问题进行评估，识别和分析技术问题并提请空军领导人注意，与国防部、各军种、空军其他作战部门、采办部门和科学技术界交流技术问题及解决方案。

2010 年，在美国空军部长和空军参谋长的要求下，空军首席科学家办公室发布《技术地平线》报告，给出了未来 20 年空军科学技术关键领域及技术上可实现的能力，力图使空军在 2030 年及以后获得最大的美国联合部队效能。该工作是由美国空军首席科学家办公室主导，空中、太空、网络、交叉四个工作组历时 9 个月共同完成，汇聚了空军科技界、情报界、一级司令部、产品中心、联邦资助的研发中心、国防工业界和学术界的专家。该研究全面分析了影响美国空军科技发展的战略环境，重点阐述了未来 30 个潜在能力领域，并确定识别出需重点关注的多达 110 项关键技术领域，这些领域将成为形成美国空军未来能力的主要科技保障。《技术地平线》给出了 30 个潜在能力领域中需要最优先关注的 12 个，分别是：固有抗入侵网络系统，网络易损性自动评估和反应，人体效能增强，可信、自适应、灵活的自主系统，优势频谱战，GPS 拒止环境中的精确导航与授时，具有处理能力的智能 ISR（情报、监视、侦察）传感器，分块式、高生存力遥控驾驶系统，下一代高效涡轮发动机，用于战术打击/防御的定向能武器，快速组合小卫星，持久空间态势感知。

美国空军未来中心是由负责战略、集成和需求的副参谋长下属的成立于 2018 年的空军作战集成中心发展而来。空军未来中心负责实施战略、开发概念、识别可满足需求的技术、开发保持未来空军优势的能力，通过兵棋推演和研讨会评估未来 30 年的作战环境，设计未来部队，辅助高级领导开展规划和决策。空军未来中心有三个中心部门，分别是概念设计中心、能力开发中心、集成与创新中心。概念设计中心专注于开发作战概念、战役策略、战略评估和威胁分析；能力开发中心基于概念设计分析作战人员需求、提炼联合需求、起草能力开发计划；集成与创新中心构建未来部队设计的原则和特性，开展分析和兵棋推演以改善设计特性,辅助预算决策和行动。

2023年,美国空军未来中心发布《空军全球未来报告:2040年的联合职能》报告[48],采用地平线扫描、趋势分析、场景构建等战略预见方法,分析了世界格局可能出现的几类趋势、各类趋势下的全球作战环境及其对美军联合职能的影响,强调美空军应综合考虑多类趋势来制定战略规划,更好地适应全球作战环境变化。具体而言,该报告通过系统的环境扫描和问题分析,发现新出现的微弱信号、当前趋势和长期存在的结构性力量;设想了大国竞争持续影响和加剧削弱美综合实力、前所未有的技术进步和技术扩散抵消美军事优势、自然灾害与资源限制影响美战斗力军力投送、气候变化和人造危机等引发既有国际秩序彻底崩塌等4种未来作战环境,并就每种环境对美军火力、防护、运动与机动、信息、情报、指挥与控制、保障等7项联合职能可能产生的影响进行了分析,为空军未来作战进行预测评估、战备训练和作战设计。

该报告采用的预见方法有四个步骤:扫描可能影响未来的环境因素,分析这些因素,基于趋势发现构建场景,分析场景并进行演习以检查环境中的挑战、机会和风险点。地平线扫描是第一步,通过识别新生的变化指示,为预见过程提供输入。一次扫描命中是一个微弱的或正在出现的变化信号。随着时间的推移,当出现一系列扫描命中时,就会出现一种强大的、长期的、稳定的趋势。这种趋势沿着线性和非线性路径发展——有些是简单的S曲线,有些是周期性的,还有一些是混沌和复杂系统的输出,看起来非常不稳定。但不能对未来趋势只按照线性发展进行判断,需要思考其相互影响的结果。趋势也会以一种创新的、让人意外的方式汇聚,如移动应用程序等技术突破催生新的经济趋势和社会趋势。为了保证以广阔的视野进行更好的扫描,美国空军确定了政策、经济、社会、技术、生命科学、军事和认知等扫描框架类别。该报告进一步表明,地平线扫描已成为美空军进行战略预见分析的有力工具。

除此之外,美国空军研究实验室也开展科技地平线扫描。该机构成立于1997年,是美国空军的专职科研机构,隶属于美国空军装备司令部,领导着美国航空航天作战技术的创新、开发和集成,负责空军科学和技术方案的规划和执行,提升美国的太空、近空和网络空间力量的作战能力。

2019年,美国空军研究实验室委托美国国防系统信息分析中心开发一种新的地平线扫描方法[49],其目的是建立一个可重复的自动化流程,以促进具有颠覆性创新潜力的新兴科学技术的大数据分析和地平线扫描,满足2030年及以后空军作战人员的需求。国防系统信息分析中心立足于识别颠覆性创新技术,应对美国空军面临的挑战,通过研究大数据分析和地平线扫描的工具、技术和流程,最终采用现代机器学习技术建立了地平线扫描系统。这种"大口径"方法通过使用广泛的搜索标准和利用聚类算法自动化识别新兴科学技术,避免了可能的制度偏差。这套新颖的地平线扫描系统为美国空军提供了一个自动挖掘和分析大数据的可重复工具,用于识别与特定技术相关的颠覆性创新科学和技术想法,最大限度地减少了数据分析的劳动强度,简化了空军作战人员对新兴技术解决方案的识别过程。

### 2.1.4 美国国土安全部的科技地平线扫描

美国国土安全部开展科技地平线扫描的机构是科学技术局,具体而言是科学技术局所属的技术搜索与转化处。科学技术局成立于2003年,是国土安全部的科学顾问和研发部门,通过提供可靠的、以证据为基础的科学技术专业知识,为政策提供信息,应对当前和新出现的广泛威胁。技术搜索与转化处主要是寻找和研究用于解决国土安全部能力差距或任务需求的可用或新兴技术,吸收采纳科技研发解决方案。

美国国土安全部认为,地平线扫描是一个系统化的过程,可通过其识别潜在的威胁和机会,在未来成为现实或被大规模应用之前采取行动。国土安全部科学技术局为满足国土安全领域的需求,就可行的技术、产品和服务提供公正的分析和建议,通过开展技术搜索与地平线扫描活动,筛选有关技术和市场环境的全球数据,研究和评估具体的技术前景,为国土安全行业寻找下一波技术,提升国土安全能力。

国土安全部的技术搜索与地平线扫描活动主要有5个关键步骤。一是发起,科学技术局的任何雇员都可以通过与技术搜索团队简单对接,就任何主题发起技术搜索项目需求。在技术搜索团队引导下,发起者制作一个5W文件(Who、What、Where、Why、When),为项目主题提供背景。二是启动,技术搜索团队与发起者在启动会议上审查和讨论5W及其主题。根据启动会议的结果,团队制定了一个技术搜索计划,以指导全面搜索相关和可用的信息、研究、技术、联系人和服务。三是搜索,在发起者的时间表内,团队使用各种工具、数据库和其他机制进行搜索。通常,团队在识别信息后将其提交给发起需求者。技术搜索人员拥有绘制专利地图、寻找联邦实验室技术、分析风险投资公司,以及在相关市场中寻找满足发起者需求的工具。四是分析,发起者和技术搜索团队使用搜索结果,分析收集的数据,优化搜索过程,发现可用和理想的信息、技术和解决方案。五是总结和结束,团队撰写一个结果报告,整合、组织和总结团队收集的所有信息，然后在一次正式的"收尾"会议上，向项目经理提交这份报告，以及在此过程中引用的文章、网站、学术论文和收集的所有其他文件。地平线扫描则贯穿过程，保持对技术领域的持续感知，向项目经理通报有影响的突破或替代方案。

2021年12月，美国国土安全部科学技术局针对"5G/6G 无线网络"主题开展地平线扫描，发布《5G：电信通信地平线与国土安全》报告[50]提高对 5G 技术的认知和理解，并为发展 6G 做好准备。该报告研究了 5G 和 6G 网络技术的未来及其对国土安全的相关影响，认为随着 5G 和随后的 6G 标准重新塑造信息和通信技术环境，国土安全部为管理和保护其网络而采取的措施将需要不断调整。

报告指出，5G 标准于 2019 年开始全球部署，相较以前的标准（即 4G、3G 等），提供了更高的数据传输速度、更低的延迟、更高的可靠性和更大的容量。5G 通过在越来越多的网络组件中利用新协议和使用更大部分的无线电频谱来实现这些能力。这些属性使 5G 适用于需要关键任务连接和大量网络连接的应用，如自动驾驶汽车、物联网等。国土安全部认为，5G 和 6G 的持续发展既带来了增强任务能力的机遇，也带来了国土安全相关风险，这些技术存在不确定性，国土安全部需要采取积极的行动。

总体来看，国土安全部的技术搜索与地平线扫描有较高的影响力，能够利用国际和美国国内的公共与私营部门，识别、定位和评估已有的或正在开发的技术、产品或服务，以及新兴趋势和新能力。该流程在科学技术局的公私伙伴关系、研发伙伴关系小组内实施，加快了执行速度，最大限度地利用伙伴关系，将资源集中在当前或未来的国土安全部系统与架构、国土安全部用户需求和国土安全部项目的发展上。

## 2.1.5　美国医疗保健研究与质量局的科技地平线扫描

美国医疗保健研究与质量局隶属于美国卫生与公众服务部，其前身是 1989 年正式成立的医疗保健政策与研究局，国会在 1999 年通过的《医疗保健研究与质量法案》将机构改为现名，并被确立为领导医疗保健质量和安全研究的联邦机构，其使命是提供研究证据，使医疗保健更安全、更高质量、更易获得、更公平和更可负担。

在医疗保健领域，地平线扫描涉及识别新的药物（和现有药物的新用途）、医疗设备、诊断测试和程序、治疗干预、康复干预、行为健康干预、医疗服务创新、公共卫生和健康促进行动等干预措施，可支撑各种医疗保健战略规划工作。医院和医疗保健机构已经采用地平线扫描信息来支持其五年技术投资计划，以更好地了解临床服务如何被新技术影响或颠覆。医疗保险公司也采用地平线扫描信息为其未来需要做出的保险决策做准备。

根据2009年《美国复苏与再投资法案》，美国医疗保健研究与质量局于2010年初确立了建设国家层面的医疗保健地平线扫描系统的需求，旨在对医疗保健新兴技术和创新进展进行地平线扫描，更好地支撑医疗保健研究项目投资。医疗保健地平线扫描系统为美国医疗保健研究与质量局提供了一个系统性的过程，以识别和监视医疗保健领域的目标技术和创新成果，并创建对临床护理、医疗保健系统、患者结局和成本具有最大影响潜力的目标技术清单。它还成为公众识别和发现有关医疗保健新技术和干预措施的信息的工具。任何研究者或研究资助者都可使用该地平线扫描系统来选择潜在的研究主题，并基于研究发现及结论形成地平线扫描报告。美国医疗保健研究与质量局不直接参与地平线扫描或对相关主题进行评估。

医疗保健地平线扫描系统围绕14个优先选题条件来组织地平线扫描活动，形成系列报告成果，包括：

（1）关于该地平线扫描系统的一个详尽的协议和操作手册。

（2）每两个月修订一次的状态更新报告，该报告可提供通过扫描过程和跟踪过程而识别的主题清单和简要描述，以及列出在前两个月内存档的主题或者识别出来但未跟踪的主题。

（3）"单独主题画像"是关于接近扩散到实用的干预措施。这些详细的报告识别和审查可能影响医疗保健技术或创新成果的未来使用和扩散潜力的因素。"扩展主题画像"是在临时安排的基础上，结合相关项目的其他研发活动以及项目的利益相关者所提问题而形成的。"潜在高影响报告"给出了关于干预措施的信息，根据各利益相关者对"主题画像"的反馈，这些干预措施预计将产生最大的影响。"潜在高影响报告"报告每六个月修订和更新一次。

（4）对用于最新地平线扫描方法的证据进行系统综述，包括目标医疗技术的识别、优先排序、评估和监视的证据，便于未来将有效的策略纳入医疗保健研究与质量局的相关过程中。

医疗保健地平线扫描系统运行的地平线扫描协议是在2010年9月1日至11月30日间完成开发，12月1日开始实施，目的是识别能够解决未来需求的当前处于3年视野之外的医疗干预措施，然后对其进行持续2年的地平线扫描跟踪。2012—2015年间，美国医疗保健研究与质量局进行了一系列针对新兴医疗保健技术和创新成果的年度地平线扫描实践，涉及的主题包括关节炎和非创伤关节疾病、癌症、心血管疾病、痴呆症、抑郁症、多动症、糖尿病、传染病、肥胖等诸多领域,已对24500多条关于潜在主题的线索进行了审查,识别并跟踪了美国医疗保健研究与质量局关注的约2400个主题。

2015年9月,《地平线扫描协议和操作手册修订版》[51]发布,总结了地平线扫描的流程方法和现阶段成果。该手册将美国医疗保健研究与质量局的地平线扫描分成两个阶段:第一个阶段是识别和监视新的不断发展的医疗保健干预措施,这些干预措施具有诊断、治疗或以其他方式治疗特定疾病或改善各种疾病的潜力;第二阶段是分析这些新的不断发展的干预措施存在的相关医疗保健背景,了解其对临床护理、医疗保健系统、患者结局和成本的潜在影响。医疗保健地平线扫描的目标是为研究资源的规划和分配提供信息和指导,其流程分为10个步骤:一是广泛扫描(每日);二是线索审查和主题识别(每周);三是主题提名会议(每月);四是状态更新报告(每年五次);五是主题画像开发(持续进行);六是专家评论过程(持续进行);七是高影响主题选择过程(每年两次);八是高影响报告编写(每年两次);九是主题监视和更新过程(持续进行);十是索引过程(持续进行)。扫描的信息源有各类医学报纸和期刊,《福布斯》《财富》等商业周刊,医疗机构的研究资料,麻省理工科技评论等科技新闻,医药领域年会和协会会议论文。

2015年12月,医疗保健地平线扫描系统项目结束,但此项目未来迭代的相关需求和专题仍在探索形成之中,一些主题和报告仍在不断更新和发布。

## 2.1.6 美国林业局的科技地平线扫描

美国林业局成立于1905年,隶属于美国农业部,负责管理44个州和波多黎各的154片森林和20片草原资源,向国营和私营林业机构提供技术和资金援助,并组建世界上最大的林业研究组织,其使命是维持森林和草原的健康、多样性和生产力,以满足今世后代的需要。该机构以世界一流的科学技术为基础,扎根社区,把人与自然联系在一起,促进持久的经济、生态和社会活力,关心维护共享的自然资源,确保水、饲料、野生动物、木材和休闲资源等可再生资源的可持续性。

近年以来,林业规划者、管理者和决策者所处的外部环境发生着快速、复杂和动荡的变化,包括社会、经济、技术和政治背景等。林业领域的内部环境也迅速变化,不断有新发展和新出现的问题,对决策者构成挑战。为有效应对这些不断变化的内外部环境,林业决策者必须预测新出现的问题、趋势、机会和威胁,并采取积极行动。2014年,美国林业局北方研究站组建一个小型的战略预见研究小组,把未来研究纳入林业和自然资源管理。2016年,该小组的环境未来学家和社会科学家大卫·本斯顿主创了"林业未来地平线扫描"项目,旨在通过战略预见来洞察未来环境挑战和机遇，提前识别和分析可能改变未来自然资源管理的早期信号，并运用这种洞察力为可持续的未来做准备。战略预见团队与休斯敦大学合作设计了地平线扫描系统。

地平线扫描的鲜明特点包括强调"弱信号"（潜在变化的早期指示）、广泛扫描（而不是只关注林业部门内部变化）、突奇意外（低概率但高影响力的事件或进展），最终目的是找到其他人尚未注意到的新迹象，以便早规划早应对。地平线扫描关注的信息源包括博客、专业网站、商贸杂志、科学期刊、在线视频等，由于关注新兴主题，也倾向于一些另类、非典型、非主流的信息源。"林业未来地平线扫描"项目主动监测从近期到远期的几百上千个变化的早期信号。例如，偏远地区工人从城市迁徙到农村会影响当地的林业管理；再如，麻省理工学院科学家在没有树木的实验室培育木材的初步成果对林业领域的影响。

2019年，美国林业局发布了一份关于林业未来地平线扫描项目的技术报告。报告包含的九篇文章总结了地平线扫描项目的早期阶段和经验教训。第一篇《建立林业未来地平线扫描系统》，介绍了系统的设计及背后的思维过程，概述了为系统构建域的关键决策，描述了扫描过程步骤，记录了建立系统和早期实施全过程中的经验教训。第二篇《为林业未来确定有效扫描源的创新方法》，介绍了他们为确定林业未来领域有用的扫描源列表而开发的方法。这些扫描源列表有利于帮助新的扫描人员识别关于林业未来变化的信号，而且这种方法对于任何地平线扫描项目都有用。对任何地平线扫描过程来说，至关重要的步骤就是定期分析不断增长的扫描数据库，以识别新兴问题，阐明新兴问题可能带来的影响，并产生远见。第三篇《连接林业未来地平线扫描数据库中的点：一项初步分析》，通过审视每次扫描命中相关的描述性标签，描述从多次扫描中得出的广泛主题。第四篇《识别林业局当前主题为地平线扫描提供背景》，记述了制作林业局当前关注的主题清单相关工作，为发现新兴主题提供对照，开发出一种识别当前主题的简单方法，并总结了所识别的气候变化、野火、外来入侵物种、生物多样性丧失、监测技术、水质保护及供水等12个当前主题。第五篇和第六篇都采用了一种叫作"未来之轮"（Futures Wheel）或"影响之轮"（Implications Wheel）的未来研究方法，探索扫描出现的主题带来的可能的直接或间接影响。第五篇《在地平线扫描中运用影响之轮：探索对环境日益冷漠所带来的影响》，通过运用"影响之轮"方法，来研究正在发生的对环境日益冷漠的社会趋势及其影响，共得出155种可能的影响，包括一些重要长期影响。第六篇《地平线扫描趋势探索：日益增强的土著权力》，通过运用"影响之轮"方法，研究了日益增强的土著权力对林业和自然资源的影响。第七篇《为地平线扫描提供场景背景：从2090

年到 2035 年回溯北美森林的未来》，通过将扫描结果和系列场景结合起来，根据场景去分析和理解新兴问题，探讨新兴问题的可能发展方式。第八篇《地平线扫描信息交流》，介绍了为满足不同用户的信息需求而输出地平线扫描定制化、多样化成果的重要性，这些成果包括扫描数据库、博客文章、深度文章、技术报告、口头简报等。第九篇《林业未来：扫描员指南》，为扫描人员使用地平线扫描系统开展严谨、一致和可持续的地平线扫描提供指导。

## 2.2 英国的科技地平线扫描

英国的地平线扫描开展较早，是自上而下推广的一项辅助决策的战略性工作，在 2012 年就涉及多个政府部委和有关机构，如外交和联邦事务办公室，苏格兰环境保护局，自然环境研究委员会，英格兰自然保护局，英国环境局，健康保护局，商业、创新和技能部，财政部，内政部，住房、社区和地方政府部，环境食品和乡村事务部，国防部，重大有组织犯罪局，关税局，内阁办公室，能源与气候变化部，就业和养老金部，国家筛查委员会等。其中，内阁办公室和国家筛查委员会开展的地平线扫描活动信息相对详细，将在本节着重阐述；国防部的地平线扫描活动比较典型，将在后面的典型案例中详细介绍。

### 2.2.1 英国内阁办公室的地平线扫描

英国内阁办公室的地平线扫描有着长期的实践探索历程，伴随着跌宕起伏的机构变迁。

2004 年，英国财政部、贸易和工业部、教育和技能部联合发布《科学和创新投资框架 2004—2014》，提出科学和创新是基于证据的政策制定和服务提升的基础。在这种情况下，对当前科学和技术进行地平线扫描，着眼未来至少五到十年甚至更远的机会和威胁，对于有效指导未来政府政策、公共资助研究和私营部门活动至关重要。因此，该报告中承诺，在内阁办公室内的科学技术办公室（曾短暂叫作科学与创新办公室，后变成政府科学办公室）预见部门、更广泛的政府机构、英国研究理事会等已开展的前瞻性工作基础上，由政府首席科学顾问与英国研究理事会、首相战略小组和各部委的首席科学顾问合作，共同建立一个单独的科学技术地平线扫描卓越中心（简称地平线扫描中心，HSC）。此中心的牵头协调单位是内阁办公室下辖的科学技术办公室，汇集了来自政府各部委、研究理事会和私营部门的高素质人才。设立此中心是为了鼓励更有效地利用证据,为公共部门的战略制定提供更多背景。中心成立后,科技相关战略决策必须嵌入地平线扫描和利益相关者参与的环节,并受其驱动。政府各部委都将采用先进科学的地平线扫描方法技术,把各自的、其他部委的地平线扫描,与科学技术办公室地平线扫描中心的工作联系起来。

地平线扫描中心的地平线扫描不会取代各部委和研究理事会各自的地平线扫描需求,而是为各自的相关行动提供更高层次的战略背景,增强国家层面的地平线扫描能力,将直接影响跨政府部门的优先事项设定和战略制定,提高政府应对跨部门和跨学科挑战的能力。该中心的目标就是将其成果直接用于以科学为基础的跨政府部门的优先事项制定和战略制定。中心的一个项目是成立由来自公共、私营、学术和第三方部门的未来思想家组成的"未来分析师网络"(FAN Club),通过会议向成员通报地平线扫描和战略预见分析领域的良好做法。"未来分析师网络"在2010年解散。地平线扫描中心保留了一个2人小组,其职责范围广泛,包括促进"未来情报和安全展望网络"(FUSION)的运行,该组织有一个由国家安全部门和机构代表组成的指导委员会,能决定在季度会议上应讨论的议题。

2007年,英国议会公共行政特别委员会发布《管理未来(2006—2007届第2次报告)》,其中对地平线扫描在预见计划中发挥的作用进行了形象地类比。"你站在船头眺望地平线(地平线扫描),看见了冰山和供给船。你计算出到达冰山和供给船的速度和方向(趋势分析),并将这些信息输入到船的电脑中(建模),然后绘制了航线(路线图)。当你做这些的时候,你想象着在供给船上吃着美食(展望)。同时你也认识到冰山和供给船的速度和方向可能会改变,因此,你计算出一些选项确保你最有可能到达补给船(场景描述)。即使一切都计划好了,还是有可能发生意外,撞到冰山上。所以你命令你的水手进行疏散演练(博弈),当进行疏散演练时,你从供给船最可能的位置反推出到达所需要的步骤(回溯)。"该报告表达了对政府建立地平线扫描卓越中心的支持。

2008年,英国遵照首相在一份书面声明中指出的地平线扫描协调工作需大幅改进的要求,设立了地平线扫描单元(HSU)、国家安全秘书处(NSSec)和地平线扫描论坛(HSF)。地平线扫描单元设在内阁办公室的联合情报组织内,成立目的是协调地平线扫描活动,提高跨政府部门的整体效率。国家安全战略是把政府的地平线扫描整合到战略制定和战略决策中的重要应用之一。高级官员参与的地平线扫描论坛于2008年9月启动,它将与战略地平线单元(地平线扫描单元的新称)密切合作,以实现2008年国家安全战略的承诺,即加强政府的地平线扫描、前瞻性规划和早期预警能力。地平线扫描论坛每季度开会一次,扮演着与国家安全有关的地平线扫描工作的主要协调方角色。2010年3月,战略地平线单元被转移到国家安全秘书处的战略与项目团队。至此,内阁办公室内部的地平线扫描协调职能已不复存在。

2010年10月,《不确定性时代的强大英国:国家安全战略》强调,针对未来风险和可选择的未来以及应对这些风险的能力方面,地平线扫描是必要的。该国家安全战略由"战略防御和安全审查"部门制定,该部门也是地平线扫描的协调职能被转移到国家安全秘书处之后所在的部门。根据《跨政府部门地平线扫描年度授权》,国家安全秘书处将评估那些影响"战略防御和安全审查"10大优先领域、特定"国家安全风险评估"所涉风险,或识别新风险的地平线扫描产品。跨政府部门的以国家安全为导向的地平线扫描年度授权,其目的是确保在国家安全委员会和"战略防御和安全审查"部门商定的优先事项基础上,以连贯一致的方式开展工作。跨政府部门地平线扫描授权是"战略防御和安全审查"部门更广泛承诺的一部分,包括更加关注中央协调及战略性全源评估、地平线扫描和早期预警。然而从2010年12月起,由于预算的变化,内阁办公室只剩下1位原战略地平线单元的人,而且此人没有从事地平线扫描的工作。

2012年4月,英国议会公共行政特别委员会的报告再次强调了对整个公务员队伍战略思维滑坡的担忧。报告指出,"未来情报和安全展望网络"是成功应用跨部门战略思维的一个例子。"未来情报和安全展望网络"主要功能是作为地平线扫描从业者的一个知识共享网络,使一些想法在此得到试验、开发和挑战,但不具备指挥或者协调的功能。地平线扫描的产品在研讨会参与者乃至更广泛的"未来情报和安全展望网络"之间共同分享。

2012年底,为确保地平线扫描更有效用于政策制定,英国政府任命了一个跨部门的评估组,由内阁办公室的联合情报委员会主席乔恩·戴(Jon Day)领导。2013年1月,在乔恩·戴主导下,内阁办公室发布了《跨政府部门地平线扫描评估》报告,对英国地平线扫描的背景、历史进行了梳理和回顾,对跨政府部门地平线扫描进行了评估,强调了几个问题:历史上政府的地平线扫描一直不好协调;部门孤岛导致重复劳动和缺乏远见;未经培训的官员一直试图解释政策效果不佳与政策的相关性,使得地平线扫描的结果易被忽视等。报告为政府后续如何更好开展地平线扫描工作提出了改进意见,建议成立新的跨部门地平线扫描枢纽,使其位于政府心脏——内阁办公室,并给出了"全政府地平线扫描新结构"(见图2-3)[52]。在新结构中,"内阁秘书长咨询组"可实现对跨部门的地平线扫描进行指挥和领导,由政府内阁负责地平线扫描活动的战略协调;"地平线扫描督查组"由包括政府科学办公室和内阁办公室在内的多个部门领导组成,主要是保证地平线扫描的结论可以顺利推行;"部门牵头人"由各部委、学术界、工业界组成,对地平线扫描的结果和关键判断进行协调,让各方广泛参与,共同推进具体工作;"地平线扫描秘书处"设置在内阁办公室,整体督促、支持地平线扫描,同时协调利益各方和政府各部门,建立和维护地平线扫描数据库。一些建议得到了英国政府的迅速回应和实施。

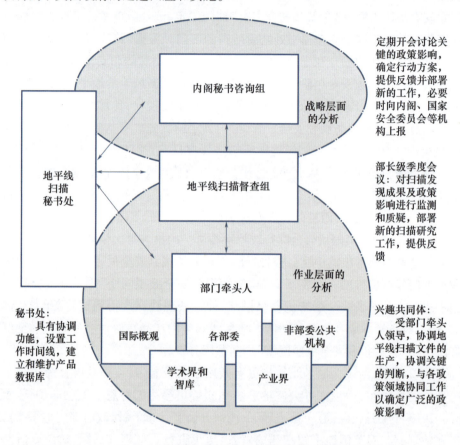

图 2-3 乔恩·戴报告建议的全政府地平线扫描新结构

2013年7月,英国政府宣布,通过设立新的地平线扫描计划,对跨部门的地平线扫描采取一种新的联合的方法。新的地平线扫描计划由内阁秘书长杰里米·海伍德(Jeremy Heywood)通过内阁秘书顾问组进行领导,在内阁办公室内设立两个密切合作的指导组,分别是政府创新团队的地平线扫描秘书处和政府科学办公室的地平线扫描预见中心。政府委托地平线扫描计划为五大政策领域提供信息,分别是:新兴技术、新兴经济、资源供给和需求变化、年轻人的社会态度变化、英国未来的人口变化。英国议会科学技术委员会对地平线扫描的有效性、效果、挑战、应对方式等进行质询。

2014年2月,英国政府举行了两天的跨政府部门"战略预见专题研讨会",来自政府、工业界、学术团体的200多名代表参加,其成果之一是帮助形成地平线扫描计划的第2年项目。英国政府发起成立"新兴技术兴趣社群",包括29个政府部门代表和来自英国皇家学会、奥雅纳(ARUP)、BP和NESTA等机构的外部专家。政府也引入学术咨询团体,包括Ipsos MORI、NatCen Social Research、曼彻斯特大学等公司和研究机构。2014年3月,内阁秘书长创建了新的"地平线扫描计划小组",完成对内阁办公室内两个跨政府部门指导组——地平线扫描秘书处和地平线扫描预见中心的整合。这次整合意味着地平线扫描计划吸纳了此前两个团队各自的力量、专业知识和网络,加强了该计划及其产出成果。

2014年4月,英国议会科学技术委员会发布了《政府地平线扫描(2013—2014届第9次报告)》。该报告对政府如何充分利用地平线扫描、如何提高效率、有何新技术、政策系统面临何种挑战、政府如何做出回应、地平线扫描存在的问题、有何改进提高之处等提出了质询,收到了18份书面陈述和17份口头证据,并对政府的地平线扫描工作提出16条建议和意见。

2014年7月,英国议会科学技术委员会再次发布《政府地平线扫描:政府对委员会2013—2014届第9次报告的回应》,收集了政府对议会质询意见的回应备忘录。政府在回应中认同议会对地平线扫描相关的建议,描述了政府采取的相关行动,确认政府在地平线扫描计划的第1年取得了良好进展,包括:确认"大数据"是未来进一步分析的特殊领域;提供战略论坛来考虑未来的机遇和威胁;建立跨部门的共识,探索将单个部门的政策纳入政府整体部署。在第2年,政府将进一步加大外部专家参与力度,并采取系列方法(如高层圆桌讨论)和网络参与工具等,提高对地平线扫描计划的认识。该报告对议会的16条建议逐一做出了回应。

2014年12月至2016年9月,英国地平线扫描计划陆续发布5个研究报告。《新兴技术:大数据》不仅吸收了政府各部门有关领域的政策领导和分析师的观点,而且容纳了来自私营部门、学术界和开源文献的见解。该报告对大数据进行了定义,探讨了大数据技术的六大趋势和大数据应用的机遇。六大趋势包括:出现云计算、为大型非结构化数据集开发新的软件工具和数据库系统、为近实时地处理大量数据而开发和改进分析工具、大数据源的货币化(通过市场上出售收集到的数据实现其价值)、对数据隐私和知识产权的担忧日益增加、全球智慧城市兴起。大数据应用机遇包括:创造透明性、通过实验发现需求、暴露可变性和提高绩效,细分人群以定制行动,用定制算法取代/支撑人类决策,用大数据创新商业模式、产品和服务。《新兴经济:人口结构变化》瞄准人口结构变化对新兴市场的影响,根据当前和预计的GDP、人口和人均GDP,重点研究了孟加拉国、巴西、中国、哥伦比亚、埃及、印度、印度尼西亚等21个新兴市场的前景,旨在找出更成熟的新兴市场,以及在未来20~35年内有潜力变得更有影响力的经济体。《资源民族主义》探讨了能源、金属和矿物供应方面的资源民族主义问题及其对英国的潜在影响。《年轻人的社会态度》评估了当下英国年轻人的社会态度是否和如何不同于前几代人,探讨了未来10年年轻人所处环境可能发生的变化,以及他们的态度在未来可能会如何演变。《人工智能:对未来决策的机遇和影响》介绍了什么是人工智能及其如何被应用,探讨了能给生产力带来的好处,以及如何最好地管理使用人工智能而产生的道德和法律风险。

在这5个报告之后,随着新兴技术在近十年的日益兴起,"地平线扫描计划小组"也被"未来、预见和新兴技术小组"所取代,后者是政府科学办公室的组成部分,不仅包括了地平线扫描的职能,负责更早发现变化模式、新兴趋势、意外事件和颠覆性因素,还包括了众多技术预见工作。

2017年,英国政府科学办公室发布了"未来工具包",旨在让政策专业人员利用该工具包将长期战略思维嵌入到政策和战略流程中。该工具包是实践而不是理论,并且基于政府科学办公室自身开展未来工作的经验,与其他政府部门及在各种环境中定期使用这些工具的未来学从业者合作开发。工具包围绕四个常见的预见用途进行构建:收集有关未来的情报、探索变化的驱动力、描述未来可能的样子、制定政策和战略。其中,与收集未来情报相关的工具有四种:一是地平线扫描;二是"七个问题"——这是"一种用于收集内部和外部利益相关者的系列战略见解的访谈技巧",可识别有关未来冲突或挑战的观点,提取政策领域潜在问题的深层信息,激发个人为未来研讨会做准备的思考;三是问题文件,引用了"七个问题"访谈中的内容,用以说明围绕政策和战略议程的战略问题和选择,可捕捉来自访谈的不同观点,了解未来的成功样子以及需要做什么实现成功目标;四是德尔菲流程,这是"一个咨询过程,用于收集广泛的主题专家对未来的意见,并优先考虑具有战略重要性的问题。"

2017—2023年,英国政府科学办公室基于未来预见工作和地平线扫描过程,相继发布了5个预见报告。《公民数据系统的未来》探讨了治理、控制和使用世界各地公民数据的不同方法。它旨在以一种国际的、全系统的公民数据视角为公开辩论和政府决策提供信息。报告探讨了区域数据系统的差异反映并决定了经济、安全和社会的发展变化,并为2030年构建了4种合理的情景,以帮助决策者制定战略,应对不确定性。《技术和创新未来 2017》是自 2010 年首次发布以来的第 3 版,在前面版本识别出先进材料、卫星、储能、机器人和自主系统、农业科学、再生医学、大数据、合成生物学等八大技术基础上,介绍了这些技术已经走向或已经带来经济收益和其他实际效益。《超越健康的基因组学》介绍了基因组学及其发展,探讨了除健康之外基因组学将如何影响未来生活,以及 DNA 如何给社会带来好处和挑战。《无线 2030》分析了 2030 年公共服务对无线连接的需求,阐述了 2030 年围绕无线连接需求的不确定性以及提供无线公共服务所带来影响的证据。这些不确定性被组合成系列情景,用于帮助制定更具弹性的政策。《净零社会:场景和路径》以英国承诺到 2050 年实现净零排放为背景,指出未来社会的规范和行为将对减排产生重大影响,但它们也高度不确定。报告旨在帮助政策制定者测试英国的净零排放战略,以预测未来社会发展前景,并准备好应对风险和机遇。

总的来看,地平线扫描在英国经过长时间发展,经议会和政府核心层面进行协调推动,有助于提升政府决策的科学性,促进了跨部门政策协调和政府服务效能的提高。

## 2.2.2 英国国家筛查委员会的科技地平线扫描

英国国家筛查委员会(NSC)是英国卫生和社会保健部(DHSC)内的高知名度团体,是一个独立的委员会,成立于 1996 年,其围绕疾病筛查的诸方面向英国四个地区的卫生大臣和国家卫生服务体系(NHS)提供建议,支持筛查计划在四个地区实施,与合作伙伴一起,紧跟筛查方面的科学发展,包括筛查试验、其他国家的筛查政策和新兴技术等。它只建议在有证据证明利大于弊且成本合理的情况下,对某种疾病进行基于人群的筛查。国家筛查委员会将筛查定义为一项公共卫生服务,是针对表面上健康但患某种疾病的风险可能增加的人群进行识别的过程,然后向他们提供信息、进一步检查和适当治疗,以降低疾病或并发症风险。该委员会持续进行地平线扫描,寻找能改善国民健康的新技术、新试验和新机遇。

英国国家筛查委员会开展地平线扫描的重要合作伙伴是英国国家卫生研究院创新观测站(NIHR Innovation Observatory)。国家卫生研究院是由卫生和社会保健部资助和管理的研究机构,成立于 2006 年;其下属的创新观测站是健康创新未来扫描的大本营,于 2017 年在纽卡斯尔大学成立,是一个活跃的研究中心,专注于提供早期感知信号和及时获取情报,以支持围绕医疗保健创新的国家决策。创新观测站是国家的地平线扫描和情报研究中心,以早期的、强大的情报提升创新和市场转化效率,从而支持在正确的时间为患者提供正确的创新信息,除此之外,还开展相关研究和开发人工智能工具及方法。

2011年以来,英国国家筛查委员会通过每天持续进行的文献扫描过程获得新证据,并根据新证据来更新所提建议。委员会还积极与外部研究人员合作开展能有效支撑筛查的有关研究,与国家卫生研究院的联系尤为密切。

到2022年,英国国家筛查委员会的感知活动使用了不同的主动和被动搜索及扫描方法。由于不可能对所有的信息源进行全面覆盖,因此有一个过滤机制来控制信息源的数量并使其易于管理。随着时间的推移,关于预警内容的非正式标准也在增加。这项扫描服务已经扩展到包括对人群的有针对性分层筛查,也包括使用一些数据库进行的处于早期阶段的初次和二次研究,例如临床试验数据库和PROSPERO、Cochrane数据库及NIHR/HTA模型等。至少每周扫描一次来自世界各地的最新的国际政策或建议,并将其纳入当前的感知预警报告中,涉及的国际组织包括美国预防服务任务组、加拿大预防保健任务组、加拿大药品与卫生技术局、澳大利亚政府网站、新西兰国家筛查小组、荷兰卫生委员会和斯堪的纳维亚半岛国家的政府网站等。形成的感知预警报告分发给国家筛查委员会秘书处、委员、证据小组等。证据小组使用证据图和证据摘要来评估相关文献,然后进行全面的系统审查和成本效益分析,定期更新所提建议。

英国国家筛查委员会的地平线扫描实践已经有一些很好的案例。①根据领域专家的意见,组建了一个人工智能任务组,产出了系列成果,包括为研究人工智能试验准确性而开发试验数据集的建议、人工智能在筛查中的应用评估流程的建议、人工智能用于乳腺筛查和糖尿病眼科筛查的证据需求指南等。②2019年,国家筛查委员会提交了一份提案,建议所有孕妇,无论其风险状况如何,都应在36周左右的常规产前检查中使用手持超声设备(POCUS)进行筛查,以检查胎先露情况。一份证据图得出结论,当时没有足够的直接证据建议进行筛查。但发现的证据足够有希望将该问题添加到定期评估的条件清单中。与触诊(常规处理)相比,POCUS装置的性能好坏并没有直接证据。因此,证据小组提出一项建议,要求对使用POCUS装置检查足月臀先露的诊断准确性进行研究,并申请成功。③英国国家卫生服务体系的镰状细胞病和地中海贫血筛查计划要求委员会考虑使用细胞游离DNA(cf-DNA)检测来识别妊娠期间的镰状细胞病和地中海贫血。尽管证据图发现当时没有足够的证据来支持该建议,但两个英国研究小组正在合作验证镰状细胞病的检测。为解决该问题,专门组织了一次由利益相关者参加的研讨会,确定了拟进行的建模工作范围。随后,建立了一个数学模型,旨在确定在不同的检测准确性下将 cf-DNA 检测技术引入产前筛查计划的结果和成本。④2024 年 2 月,国家筛查委员会举办了一场关于肠癌筛查的研讨会,利用地平线扫描来识别重要研究进展、国际政策制定和新兴技术的早期信号。这有助于确保其筛查建议以最佳证据为基础,并确保及早发现改进现有筛查计划的机会。

英国首席医疗官认为,国家筛查委员会的地平线扫描职能对及时了解国内和国际筛查方面的最新研究将非常重要,为优化地平线扫描并减少分散的和重复的工作,建议与研究人员举办年度论坛,以识别新兴的研究和技术,以及那些当前没在委员会关注范围内的活动。下一步,英国国家筛查委员会将建立一个统一的地平线扫描系统,以推进这些建议的落实。

## 2.3 欧洲的科技地平线扫描

欧洲的政府机构非常重视地平线扫描,在欧盟层面,欧盟理事会(Council of the European Union)的欧洲防务局、欧盟委员会(European Commission)的联合研究中心、欧洲议会(European Parliament)的科学技术选择和评估专委会,以及欧洲战略和政策分析系统(ESPAS)等,均在开展地平线扫描活动;在欧盟成员国层面,荷兰的技术趋势研究中心和国家卫生保健研究院也在利用地平线扫描辅助决策。其中,欧洲防务局的科技地平线扫描比较典型,将在后面的典型案例中详细介绍,本节重点概述其他欧洲机构的地平线扫描情况。

### 2.3.1 欧盟委员会联合研究中心的科技地平线扫描

欧盟委员会联合研究中心是欧盟委员会下设的 39 个总司之一,于 1957 年根据《欧洲原子能共同体条约》成立,业务发端于核科学领域,后来发展到支持欧盟几乎所有领域的政策制定,总部设在布鲁塞尔,研究机构分布于五个欧盟成员国。联合研究中心提供独立的、基于证据的知识和科学,在欧盟制定政策的过程中提供独立的依据支持,发挥着关键作用,有助于实现"地平线欧洲"的总体目标。

联合研究中心利用许多能力和工具,其中地平线扫描致力于识别和理解尚不明确的新兴趋势或范式转变的微弱和分散迹象。联合研究中心长期开展地平线扫描活动,追踪主要国家和地区的研究与创新政策的发展,定期发布欧盟成员国的研究与创新政策发展报告,为整个欧盟的政策制定提供科学的参考,涉及核科学、药品开发、交通运输等诸多领域。联合研究中心在2023年2月发布的《工作计划2023—2024》中明确提出,"开展科学发展活动和进行有针对性的地平线扫描,通过将定性和定量的信息和方法相结合,以确定可能出现的新政策问题"[53]。

位于联合研究中心的欧盟政策实验室具体实施地平线扫描工作。欧盟政策实验室是一个在政策制定中的跨学科探索和创新的空间,采用协作、系统和前瞻性的方法,帮助把联合研究中心的科学知识引入欧盟的政策制定。政策实验室的预见能力中心为政策制定提供战略性和面向未来的输入,并不断试验和开发不同的方法和工具,使预见在决策过程中实际有用。预见能力中心把地平线扫描作为其重要工具之一,针对特定主题执行地平线扫描,并支持建立自主扫描活动。

自2011年首次纳入欧盟委员会联合研究中心的年度管理规划,地平线扫描持续得到重视。在2011年的管理规划中,地平线扫描提供开发"战略能源技术计划信息系统"等底层信息系统的能力,该系统通过为决策提供必要的科学证据来支撑战略能源技术计划的实施。在2012年的管理规划中,通过一系列相关领域的地平线扫描,实现对经济维度和政策选择的分析、对新政策需求的预测、相关建模,以及对事实和数据的分析,特别是在交叉领域实施地平线扫描和预见分析,例如生态创新和生态农业、未来食品和饮食的研究重点、食品安全、2025年在创新和竞争力的背景下对标准化的未来需求等方面。在2013—2015年的管理规划中,预见和地平线扫描被添加到联合研究中心的核心指标表中,以研究报告和新研究领域的识别为指标,并且每年衡量预见研究和地平线扫描公报的数量。在2016年的管理规划中,地平线扫描被纳入联合研究中心2016—2017年多年度工作计划。2016年7月,联合研究中心针对能源与气候变化、移民与安全两个方向开展了地平线扫描活动。在2017年的管理规划中,由于联合研究中心推出了15年发展战略,对地平线扫描工作提出了直至2030年的前瞻性和长期视角要求。为帮助扫描人员熟悉变化的弱信号,以及搜索、展示、存储、标记和跟踪的方法,联合研究中心还组织了有关地平线扫描的专门培训课程。

联合研究中心有一个地平线扫描平台,其地平线扫描方案是基于信息收集和内外部专家的聚类分析(意义建构)。在这个平台上有三类参与者角色:扫描者、汇聚者和研讨会参与者。扫描者需要针对所关注领域对各种信息源进行持续扫描,包括现有的专门扫描系统、科学出版物、会议、报告、专利、商贸出版物、杂志和报纸、社交媒体等。扫描是日常工作的一部分,额外工作量不应超过每周半小时。额外工作用于从日常接收的大量信息中识别潜在的弱信号,并将这些信息上传到专用网络空间,并可能添加扫描者的评论。与扫描者活动并行开展的是,汇聚者对收集到的条目进行定期评估,并以适合研讨会的格式添加解释和进一步的信号聚类,以提升意义构建水平。研讨会参与者将尝试把不同的条目聚类在一起,以识别可能新出现的弱信号。地平线扫描条目的最终格式中将包含标准化的信息:描述、信息源清单、可能的总体性未来影响、潜在的政策影响、附加信息(可能的时间表、重要性等级、涉及的参与者)。研讨会参与者的作用是阅读相关的地平线扫描条目,并将这些条目分成更大的组,以识别正在发生的潜在微弱变化。他们需要在研讨会前和研讨会期间进行一系列活动。大约在研讨会开始前一周,每位参与者都会收到一组需要阅读的条目,以便创建几个群簇。在扫描研讨会期间,参与者轮流展示他们的群簇(如标题、导述和数字),而主持引导人则记录下群簇。小组讨论群簇,完成讨论后,主持引导人将讨论转移到下一个群簇。在讨论完所有群簇之后,会议期间出现的重要想法和主题将被发布并排名,以供进一步参考。在欧盟的内部网络上有一个专用的互连委员会空间,供用户提交地平线扫描条目。欧盟雇员一旦发现对地平线扫描方案有潜在附加价值的信息,就可在互连委员会平台提交他们的贡献。平台功能在"地平线扫描提交"页面和"地平线扫描网络"页面是线上的。其中,"地平线扫描提交"是用于提交地平线扫描条目的互连委员会空间,这些条目就是来自多个信息源的事实性信息,有可能会识别出微弱信号;"地平线扫描网络"是为参与地平线扫描试点项目的人员提供的互连委员会讨论空间,更多的信息、最近的新闻、即将发生的事件、最近的地平线扫描条目和讨论功能都在此可用。

"扫描地平线公报"是联合研究中心关于政策、科学和创新的建议产品,不是新闻服务产品,基于对政策相关领域的文献和专业新闻来源的审查而汇集而成,仅在欧洲机构内分发,旨在让决策者在决策过程中使用最新的科学信息和创新动向作为支撑。通过公报呈现的地平线扫描活动定期(当时是双月)概述可能影响未来欧洲政策的新兴主题。每一期公报都覆盖与欧洲政策相关的系列条目,每一个条目都由标题、人员或单位、内容概述、来源、政策社会影响等要素组成,约300~500字。地平线扫描条目表现出一些特点,如趋势、新的变革驱动因素、弱信号、不连续、冲击/突奇意外/"黑天鹅"等。联合研究中心的任何人都可以作为扫描者按形式要求提交条目,发送到相应邮箱,并附上信息源和参考文献。

2011年11月至2014年11月,"扫描地平线公报"共出版了六期,外加一期关于汽车未来的特刊。第一期的信息来自于技术、能源、环境、科学与社会、农业与食品,以及地缘政治领域相关的专业文献和新闻信息源。第二期涵盖了能源、交通运输与信息通信技术、农业与食品安全、创新、环境与气候变化、健康与消费者保护、安全与安保等领域。第三期涉及创新、能源、交通与信息通信技术、农业与食品安全、环境与气候变化、稳定与增长、健康与消费者保护等主题。第四期涉及农业与食品、能源、环境与全球变化、机器人与信息通信技术、生物与健康、社会、经济、技术创新、安全等,还为每个条目添加了关键字。第五期涉及能源、生物与健康、农业与食品、经济与工业、技术创新等领域。一期特刊题目为《在何种未来的何种汽车》,涵盖了未来推进、车辆创新、自动驾驶、自动飞行汽车、机动性变革等方面。第六期涉及农业与食品、生物与健康、能源、环境、太空、技术创新、科学与社会等领域。此后,没再出版单独的"扫描地平线公报"。此产品在联合研究中心内部培育了对预见重要性的认识。联合研究中心可以通过总结分散的信息,识别和澄清问题,将这些问题纳入观点,分析对政策和社会的影响,从而提升地平线扫描的价值。

近年来,欧盟委员会联合研究中心仍在持续加强科技地平线扫描工作,产出了大量辅助决策的成果,在其重点关注的核科学领域,连续发布 2019—2023 年的五份核安全与核安保技术地平线扫描年度报告。例如,2023 年发布的《2022 核安全与安保地平线扫描年度报告》[54],聚焦于能源依赖与气候目标、核能相关公共舆论、核工业的数字化转型和绿色转型等方面,并提出科学建议。关于西方世界核能领域的合作方面,随着俄乌冲突爆发,欧洲地区出现能源危机,反映出欧洲能源的脆弱性。欧盟应该利用战争来促进欧洲以及整个西方世界在核能的设计和技术领域的合作,建立可持续、安全可靠的供应链,解决原材料短缺问题。关于核能相关舆论方面,公众和决策者对核风险认知存在偏见,舆论的形成应该以科学为基础,而不是观念和意识形态。不建立全面、广泛的沟通渠道,不改变目前核能领域的宣传和讨论,将不利于建立一个合理和长期的核政治战略。关于核能的数字化转型和绿色转型方面,从长远来看,核技术具备其他绿色能源无法实现的低碳优势,可以补充绿色能源,维持绿色转型。研究人员还利用地平线扫描进行核技术领域的弱信号识别,确定新出现的重要技术,如表 2-1 所列。2024 年发布的《2023 核技术长期地平线扫描年度报告》,对欧盟核技术的未来进行分析,讨论了核能初创企业的崛起、核能技术在脱碳中的应用、数字技术在核能行业的融合等主要趋势,预测了 2033 年后的潜在威胁和机遇。

2020 年,欧盟委员会发布《联合研究中心对军民两用研究的地平线扫描》报告,目的是识别出那些显现出两用研究及进一步应用潜力的新兴领域,即把民用研究成果用于国防目的,或反之。报告对 14 个技术领域进行了识别,其中 7 个领域得到重点关注,分别是多功能/先进材料、数据中毒、太空技术、CRISPR① 和基因操纵、人工智能决策支持、人效增强、合成生物学。前 6 个领域被认为在中短期(从现在到未来十年)与军民两用高度相关,合成生物学被认为在长期有相关性。这 7 个领域中,有 4 个完全或部分属于生物学范围,包括多功能/先进材料、CRISPR 和基因操纵、人效增强、合成生物学,表明未来对操纵包括人体在内的生命等诸方面的重要性。2023 年,联合研究中心基于对新兴和颠覆性技术以及创新进展的信号和趋势扫描,开展了一次技术预见演习,发布《为太空、防务及相关民用工业识别未来关键技术》的报告。报告列出 46 项对欧盟具有战略重要性的新兴和颠覆性技术,重点关注了 4 项未来关键技术:量子通信和密码学、太空平台、集成光子学、微型核反应堆。这些技术具有高影响力,未来欧盟很有可能依赖其他国家。报告对每项技术都提出系列建议,以应对风险、挑战和未来的依赖性。报告还总结了与技术开发和采用相关的 10 个主题簇:①地缘政治;②合作;③投资;④市场;⑤技能和知识;⑥伦理问题;⑦法规和标准;⑧基础技术的开发;⑨资产的数字化和绿色双重转变及安全;⑩数据和通信。这些见解有利于支持进一步研究和政策制定。

表 2-1 《2022 核安全与安保地平线扫描年度报告》观察到的重点技术

| 技术 | 活跃度(2020—2022 年) | 检索到的文件数量 | 预见参考 |
| --- | --- | --- | --- |
| 核数字孪生 | 87% | 33 | 核安全、安保和保障监督的地平线扫描年度报告(2020) |
| 用于核技术的区块链 | 80% | 25 | 核安全、安保和保障监督的地平线扫描年度报告(2018) |
| 核的动力工厂网络安全入侵 | 72% | 11 | 核安全、安保和保障监督的地平线扫描年度报告(2018) |
| 化学气相渗透三维打印碳化硅 | 71% | 7 | 新兴趋势 |
| AI 辅助的自主操作 | 66% | 9 | 核安全、安保和保障监督的地平线扫描年度报告(2021) |
| 黏结剂喷射碳化硅的 3D 打印 | 64% | 17 | 新兴趋势 |
| 3D 打印核的燃料成分 | 58% | 17 | 核安全、安保和保障监督的地平线扫描年度报告(2021) |
| 微生物辐射防护 | 54% | 31 | 核安全、安保和保障监督的地平线扫描年度报告(2021) |
| 防止塑料污染的核技术 | 50% | 6 | 新兴趋势 |

① 一种基因编辑技术,译为中文为"规律性成簇的间隔短回文重复序列"。

## 2.3.2　欧洲议会科学技术选择和评估专委会的科技地平线扫描

欧洲议会科学技术选择和评估专委会(STOA)是欧洲议会的一个组成部分,正式成立于1987年,目前由11个常设委员会提名的27名欧洲议会议员组成。负责专委会的欧洲议会副主席也是该专委会的成员之一。专委会成员任期为两年半,可连任。科学技术选择和评估专委会的任务是向欧洲议会各委员会和其他议会机构提供有关科学技术进步的信息,预测科学技术未来发展趋势及其可能产生的社会影响,加强技术评估,从技术角度确定可采取的最佳行动方案,服务于欧洲议会做出正确决策。专委会通过开展技术评估和科学预见项目,以及组织相关活动,来实现其工作目标。

专委会需要探索一系列政策领域,并提供相关证据,预测相关技术的未来发展。在第九届欧洲议会任期(2019—2024年)内,专委会的主题优先事项为人工智能和其他颠覆性技术、绿色协议、生活质量,政策优先事项为科学技术创新、社会伦理挑战、经济挑战、法律挑战。2022年11月,专委会决定进一步关注三大主题:生活质量/公共卫生;绿色协议/气候变化;数字化和人工智能,并鼓励专委会成员将新项目与这些优先事项保持一致。

开展以地平线扫描为核心的技术扫描与预见,是科学技术选择和评估专委会实现技术趋势分析的关键。早在2009年,欧洲议会技术评估网络理事会会议在英国举行,英国政府科学办公室地平线扫描中心的工作人员就"英国公共战略发展中的未来思维"发表演讲。两位科学技术选择和评估专委会的要员参会听取了演讲,并将其记录在当年的年度总结报告中。在第七届欧洲议会任期结束时,科学技术选择和评估专委会明确了自己在欧洲议会科学和技术领域所发挥的预见作用。专委会及其支持的科学预见小组欲通过两种方式实现长期科学预见能力:一是提高成员对科技趋势的认识;二是在当届议会采取立法行动,授权成员和各委员会预测长远未来。该专委会在其2014年度报告中明确提出,要在合理的时间框架(20～50年)开展科学预见活动,并且可将技术地平线扫描的STEEPED框架(社会-技术-经济-环境-政治/法律-伦理-人群)系统地应用于技术评估研究,提高技术评估方法的公正性和可信度。2015年初,《欧洲议会的科学预见》发布,其中介绍了欧洲议会开展科学预见的方法论的六个步骤:选择主题、地平线扫描、社会影响的全景展示、探索性场景构建、立法回溯和意义建构。在选择主题后,第二步即为地平线扫描,该步骤采用STEEPED框架来实现跨学科的技术趋势研究,这也意味着欧洲议会基本确立了以地平线扫描为关键步骤的技术预见体系[55]。该技术预见体系已经形成一套目标明确、科学合理、可操作性强的方法，并在具体活动中不断完善，日臻成熟。

2017年，欧洲议会科学技术选择和评估专委会发布技术预见研究报告《科学技术趋势的地平线扫描与分析》，从社交媒体和新闻中识别出系列技术相关热门主题，并对社交媒体上争论较多的24个主题进行排名，选择排名靠前的尚未开展深入研究的5个主题进行研究，包括大数据、基因技术、电动汽车、自动驾驶汽车和算法的影响，还选择了3个议员建议的对未来社会有潜在高影响力的趋势性主题进行分析，包括屏幕上瘾、假新闻和生物恐怖主义。对于每个主题，研究人员都通过新闻文章和社交媒体数据来调查不同方面的趋势，如可能的应用、使用的技术、机遇和担忧等。在该研究中，专委会委托"增强情报研究所"（Augmented Intelligence Institute）使用人工智能数据分析，结合"新闻业"方法（把思维和基于机器的数据分析相结合），收集分析了16491篇新闻文章和超过830万条推特文字。这种混合的方法有利于跟踪公民和各利益相关者的情绪。

2021年，欧洲议会科学技术选择和评估专委会发布《一种预见情报的框架——第一部分：根据专委会需求定制地平线扫描》报告。报告首先详细地解释了地平线扫描及其过程，研究了地平线扫描在专委会工作中的作用，特别是在高度争议的主题背景下所发挥的作用，同时研究了可从其他机构的地平线扫描中吸取的经验。然后，它测试了Futures Platform知识平台在地平线扫描中的有效性。结果表明，Futures Platform的雷达图和相关现象作为一种地平线扫描工具非常有用，可以辅助但不能替代政策分析师的工作。报告指出，地平线扫描能服务于多种目的：战略、覆盖范围广泛的主题，没有特定的目标，或专注于一个或多个大趋势（如人口变化、技术出现、资源稀缺、气候变化）或技术趋势（如人工智能、纳米技术、基因工程）。但无论哪种情况，地平线扫描的理想状态是连续进行的，尽管这可能非常耗费资源。报告提到，虽然科学技术选择和评估专委会没有资源或广泛的专门知识来确保高质量、持续的地平线扫描，但它可以利用能提供有关新现象的信息的外部工具。诸如Futures Platform这样的技术和趋势知识平台就是进行地平线扫描的有用工具。Futures Platform公司位于芬兰，是一个收集和分析技术、趋势、信号等现象信息的平台，利用人工智能工具和预见专家团队来预测未来的发展。专委会已经利用该平台创建了五个领域的地平线扫描报告，即新冠病毒后的世界、颠覆性未来、绿色协议、食物、地球工程。

2021年，欧洲议会科学技术选择和评估专委会还发布了另一份基于地平线扫描研究的报告——《塑造2040年战场的创新性技术》。报告介绍了塑造未来战场的趋势和驱动因素，概述了与欧洲国防和技术创新有关的政策环境，深入探讨了所选定的若干技术集群，包括相关的新兴和潜在未来技术趋势，及其所带来的欧洲防务机遇和挑战，并基于分析结果制定了供欧盟利益相关者和机构考虑的政策方案。报告最后列出了通过地平线扫描演习而确定的可能影响未来战场的完整技术清单。

### 2.3.3 欧洲战略和政策分析系统的科技地平线扫描

欧洲战略和政策分析系统（ESPAS）是一个促进预见和预期治理的欧盟机构间进程，发起于2010年，汇集了欧洲议会、欧盟理事会、欧洲委员会、欧盟安全研究所等9个欧盟机构和团体，致力于从长远角度思考欧洲面临的挑战和机遇，并通过预见来支持政策制定者做出正确的政策选择。地平线扫描项目是欧洲战略和政策分析系统正在开展的预见项目之一，旨在建立欧盟跨机构、部局和团体的预警机制，实现两方面目标：一是建立一个制做报告的滚动流程，这些报告使各机构和团体的工作人员围绕新兴和潜在的未来趋势进行持续、长期、跨领域的思考；二是建立一个由从业者和专家组成的欧盟社群（又叫"未来扫描者"），能够识别和通报新出现的变化信号。

欧洲战略和政策分析系统的地平线扫描活动启动于2022年，由欧盟委员会联合研究中心和欧洲议会研究服务局牵头，与其他欧盟机构合作开展工作。该工作在三个连续层面上迭代展开，涉及多个政策领域和多个欧盟机构的专家（图2-4）。首先，该工作目的是建立一个参与地平扫描的更广泛的欧盟社群，第一层面的任务是寻找处于当前思维和规划边缘的未来发展，即所谓的"新迹象"；其次，在第二层面，每月组织一次意义建构研讨会，通过新的视角来考虑本月收集到的已识别的"新迹象"，并找到它们之间跨政策和部门的联系，这些第二层面上的研讨会旨在利用收集到的信号作为提示，设想可能产生影响的未来发展，即"变化迹象"；最后，在第三层面，举办几次意义建构研讨会之后，组织未来影响研讨会，这被认为是探索性和优先级排序研讨会。所有机构和团体的官员都参与这些研讨会，旨在从早期阶段确定的信号中按优先顺序排出三个可能最具影响力的"变化迹象"。

欧洲战略和政策分析系统的地平线扫描活动大约每半年公布一次研究成果，目前已公布五期，分别是2022年7月、2022年11月、2023年6月、2023年11月和2024年3月。每期会识别出与欧盟政策制定最相关的约20个变化信号，并由近期到远期分组排序，对其中3个最有影响力的新兴主题进行深入分析。第一期分析的新兴主题是国际政治中的中国叙事、激进的透明度、基于权利的资源与环境路径;第二期分析的新兴主题是和平红利的结束与地缘政治代价、全球公地开发的治理、沉默的公民;第三期分析的新兴主题是"金砖国家"扩张、极端不平等的新根源、激进的食物生产方法;第四期分析的新兴主题是去美元化、人工智能生成的世界、太空制造;第五期分析的新兴主题是矿产及其他资源的新"欧佩克"、黑暗生物圈、人工道德主体。最近的第五期报告从网络识别的 231 个条目中选出了 20 个与欧盟政策制定最相关的变化信号[56],分别是:矿产及其他资源的新"欧佩克"、生物多样性丧失的适应策略、自然市场、机构备灾存储、绿色犯罪与腐败、代际间冲突、多边拼接、重入"全球南方"、民主多数派的转变、黑暗生物圈、人效增强技术的维持、基于气候的工作模式、无线体域网、医嘱饮食、拆箱式制造、睡眠卫生、人工道德主体、自然的声学修复、通过童话传播科学、社交互动模拟。这些信号在当下可能看起来微不足道,但在未来会变得更重要。

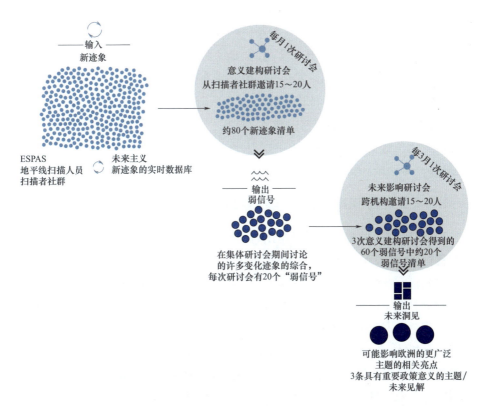

图 2-4　欧洲战略和政策分析系统的地平线扫描过程

### 2.3.4 荷兰的科技地平线扫描

#### 2.3.4.1 荷兰技术趋势研究中心的活动

荷兰技术趋势研究中心(STT)由荷兰皇家工程师学会于1968年成立,是一个独立的非营利基金会和专家中心,由荷兰政府、工业界和科学界资助。中心包括一个执行委员会和一个总理事会,理事会由来自工业、科学、社会和政府界别的60多名高级代表组成。他们作为一个重要的智囊团,讨论未来技术发展、创新和战略政策。中心开展技术预见研究,促使来自各界的利益相关者、专家和创造性思维参与其中。他们被激励着"跳出框框"去思考未来20~30年的问题,把现有的原则和限制抛在脑后。理事会成员利用预见过程,特别是地平线扫描,进行风险评估和风险管理。

在过去几十年里,技术趋势研究中心的系列预见项目取得了许多成就,发布多个研究报告。中心的当前研究主题包括地平线扫描2050、民主的未来、自力更生与技术。其中,2012年开始实施的"地平线扫描2050"项目,重点关注技术和2050年可持续发展目标。2014年,中心发布《地平线扫描2050:对未来的不同观点》报告[57],通过把STEEP框架(社会-技术-经济-环境-政治)内的151个变化信号作为专家问卷的输入,选出了57个最有可能的变化信号,并基于这些变化信号讨论了未来面临的六大挑战:自然资源稀缺、气候变化、人口结构变化、寿命延长、全球权力转移和新的互联互通。

#### 2.3.4.2 荷兰国家卫生保健研究院的活动

2015年底,荷兰政府有官员指出,荷兰市场在药物领域尚无全面、客观和公开的概览,无法跟踪昂贵药物的预期发展,建立医药领域的地平线扫描势在必行。因此,荷兰医药领域各方达成一致"为确保昂贵药物的可负担性和可使用性而制定一揽子措施"(下称"一揽子措施")。2016年1月,该措施被呈送到众议院。荷兰国家卫生保健研究院是主要参与方。国家卫生保健研究院是一个咨询和执行机构,负责向卫生、福利和体育部长提建议和意见,识别卫生保健领域的创新和改善机会并通过出版物提供相关信息,制定信息标准,便于在卫生保健部门实现高效信息交换,从而使政策制定者、健康保险部门和卫生保健提供者能做出有根据的决策。2016年11月,荷兰卫生、福利和体育部授权国家卫生保健研究院从2017年初开始执行"药物地平线扫描"项目。2017年1月1日起,国家卫生保健研究院成为该项目的管理者,负责扫描各类国际信息源,以监测创新性药物领域的发展。

2017年4月,国家卫生保健研究院发布《制造商提供地平线扫描信息时的工作方法说明》[58],对荷兰"药物地平线扫描"进行了较详细地介绍。该项目对未来两年可能出现的药物产品及该领域的发展进行尽可能不带偏见的全面概要总结,致力于解决以下问题:①汇集创新性药物知识,获取相关信息;②使相关机构和人员在早期阶段就了解药物的预期发展及其可能的影响;③使医疗保险公司和医院可以利用这些信息更好地组织采购,支持相关谈判;④使国家卫生保健研究院及时安排和准备药物评估。地平线扫描的范围包括预期的创新性药物及相关适应症、创新性药物的预期定价、预期的患者人数和治疗信息、现有药物的适应症的预期扩展等。地平线扫描内容需提交一个指导小组批准,小组成员来自医学专家联合会,荷兰大学医学中心联合会,荷兰医院协会,荷兰卫生保健管理局,荷兰患者联合会,荷兰护理和护工组织,荷兰独立诊所组织,卫生、福利和体育部,荷兰国家卫生保健研究院,荷兰医疗保险公司联合会等机构的代表。指导小组批准后,这些机构就认可了该项目成果是对药物发展的最佳估计。

地平线扫描的信息来自多个国内和国际来源,例如来自欧洲药品管理局、荷兰药品评估委员会,以及众多专家意见。制造商需每年两次向地平线扫描提供信息,这些信息被视为地平线扫描可用的来源之一。制造商提供的信息将仅用于未来的出版物,而不是更新过去的出版物。所有信息由7个领域工作组进行调整和补充,分别是肿瘤学和血液学、新陈代谢与内分泌学、慢性免疫紊乱病、传染病、肺部疾病、神经系统疾病、心血管疾病等领域。工作组成员由医学专家、(医院)药剂师、医疗保险公司代表和患者代表组成。工作组的核心任务是发现和分析相关领域的药物发展情况,确定这些新药(或适应症的扩展)对荷兰的临床影响。工作组根据国家卫生保健研究院制定的基本清单提供地平线扫描的内容。地平线扫描的最终责任在于国家卫生保健研究院,而不是工作组。工作组只对荷兰国家卫生保健研究院负责。国家卫生保健研究院要确保至少每六个月进行一次"市场扫描"。

自2017年"药物地平线扫描"实施以来,项目取得了系列成绩,包括:①发布荷兰使用的最昂贵药物的年度专利申请摘要;②在地平线扫描中添加了首次上市的非专利药物和生物仿制药;③有关作用机理和前沿治疗药物的信息;④及时解决新药的可负担性或有效性方面的潜在问题,并尽可能解决市场细分问题。目前,该项目正在开展的工作包括:开发国际地平线扫描(IHSI),融合荷兰和国际地平线扫描;开发地平线扫描医学技术。其中,国际地平线扫描倡议启动于

2019 年,旨在集中资源以大规模收集即将推出的药物数据,及早发现和评价有前景的药物,使卫生保健系统通过数据洞察力为颠覆性技术做好准备,支持药物和技术战略规划。目前,国际地平线扫描倡议得到 9 个欧洲国家的支持。

## 2.4 亚洲国家的科技地平线扫描

亚洲国家的地平线扫描主要涉及日本、韩国、新加坡等国家,本节重点概述日本科学技术政策研究所、韩国科学技术评估与规划研究院和新加坡政府的地平线扫描活动。

### 2.4.1 日本科学技术政策研究所的科技地平线扫描

日本实施科技地平线扫描的典型机构是日本科学技术政策研究所(NISTEP)。该机构成立于 1988 年,是根据日本《国家政府组织法》设立的国家研究机构,直接隶属于日本文部科学省(MEXT),参与日本政府的科技政策规划过程。该机构主要负责三项任务:一是通过自主研究预测和探讨未来政策;二是应政府机构要求进行研究;三是作为科学技术研究领域的核心机构,提供研究的基础数据,在与其他机构和研究人员的活动中发挥关键的合作和参与作用,以促进知识扩展和积累。日本科学技术政策研究所主要从事 7 个领域的研究活动,包括科学技术创新政策、研发与创新、科技创新人力资源、科技与社会的关系、科学技术指标与科学计量学、科技预见与趋势分析、以数据为导向的科技与学术研究。其研究成果通过多种渠道发布,包括"NISTEP 报告"系列、"政策研究"系列、"研究材料"系列、"讨论论文"系列、向政府咨询委员会的报告,以及科学技术政策研究所组织的研讨会和国际会议上的讲座和报告等。

自 1971 年以来,日本大约每 5 年进行一次大规模的科技预见研究。从 1992 年第五次技术预见起,日本科学技术政策研究所持续实施相关研究,着眼于 30 年的中长期远景,吸引各方利益相关者参与,并利用广泛讨论,结合多种方法,提供社会愿景及其相关科技和社会问题。1971 年,日本组织实施的国家层面上的首次大规模科学技术预见活动是基于德尔菲调查法,后面直至 1997 年,前六次均以该方法为主。2001 年的第七次技术预见在德尔菲法的基础上增加了需求分析法,2005 年的第八次技术预见在第七次的基础上又新增了情景分析法和用于分析新兴技术的文献计量法,2010 年的第九次技术预见和 2015 年的第十次技术预见均以德尔菲法和情景分析法为主,但第九次具有明显的任务导向和跨学科方法特征,第十次更突出了"对未来社会愿景的探讨"。2019年,在第十一次技术预见活动中,地平线扫描方法首次被采用并出现在研究框架中,作为技术预见的第一个步骤,旨在捕捉科学、技术和社会变化的迹象,以应对未来日益增加的不确定性。

  日本科学技术政策研究所在2001年成立的科学技术预见中心,是日本科技地平线扫描的主要执行部门。其地平线扫描是一个连续且系统的过程,用定量和定性的方法来探索和分析科学技术新兴趋势和社会变化的新动向,发现潜在机遇和风险,并以研究报告和其他材料的形式提供那些在一定程度上具有不确定性的"变化迹象"信息。日本科学技术政策研究所利用其开发的KIDSASHI系统,每天自动持续采集日本国内300家大学、研究机构和公司发送的新闻和简报,并汇总数据,使用人工智能机器学习系统分析,每月创建有关科学技术新变化迹象的概述,并在专门网站发布,进而从用户处获得更多与新闻相关的反馈信息及意见。随后,邀请利益相关方和专家进行讨论,描绘未来社会愿景,收集全球和亚洲的趋势预测数据,为日本的趋势预测提供数据参考。接下来,研究人员进行科技愿景分析:一方面通过德尔菲法进行专家判断,另一方面通过机器学习等手段对主题进行聚类形成科技主题群簇,并对群簇进行定量和定性分析。最后,基于上述结果构建未来场景,把社会未来愿景和科学技术未来愿景结合起来,通过科学技术发展推动实现日本社会的未来情景。

  2019年11月,日本科学技术政策研究所科学技术预见中心发布了以地平线扫描为基础的《第11次科学技术预见报告》,绘制了"科学技术发展下的未来社会图景",旨在为包括第六期《科学技术创新基本计划》在内的科技创新政策的循证讨论提供基础信息。此次技术预见的展望期约为30年,直至2050年,目标年为2040年。该报告首先获取科学技术和社会变化的趋势和迹象,然后得到未来社会愿景(期望的社会形象)和未来科学技术愿景(科学技术发展的中长期视角),最后将这些趋势和愿景整合起来,透过科技的发展审视未来社会。第11次技术预见活动召开了愿景研讨会,就未来社会的目标方向进行了讨论,提出50个未来社会愿景构想,总结为人文、包容、可持续和求知4个关键词。该报告预见了未来科学技术的方向,选取了702个科技主题,对主题的重要性、国际竞争力、实施前景等进行了专家问卷调查。同时利用人工智能技术对主题进行聚类,建立了32个科技主题群簇。将聚类结果与专家判断相结合,进一步提取了8个跨学科、强交叉的特定技术领域,包括:为解决适应社会经济发展变化的社会问题、以实现精密医学为目标的新一代生物监测和生物工程、利用先进测量技术和信息科学工具分析原子和分子水平、新结构/新功能材料和制造系统的开发、改变信息与通信技术的电子和量子器件、利用太空监测全球环境和资源、促进循环经济的科学技术/以及自然灾害的先进观测和预测技术。最终，报告把科学技术和社会发展趋势、50 个未来社会愿景与 702 个科技主题联系起来，透过科技的发展得到了理想社会的"基本情景"。

### 2.4.2　韩国科学技术评估与规划研究院的科技地平线扫描

韩国实施科技地平线扫描的典型机构是韩国科学技术评估与规划研究院（KISTEP），这是一家通过战略性科技规划和研发评估促进经济增长和公益事业发展的全球性机构，依据韩国《科学技术基本法》第 20 条成立于 1999 年 2 月，2001 年重组并加强规划职能，以更有效推进国家研发计划。2005 年，韩国科学技术评估与规划研究院的主要职能调整为国家科技规划、协调和研发评估。2011 年，其隶属关系从韩国教育科学技术部转入韩国国家科学技术委员会，并开始全面负责研发项目的可行性研究。2013 年和 2017 年，其隶属关系再先后两次转移，依次转入韩国科学、信息通信技术和未来规划部（MSIP）和韩国科学技术信息通信部（MSIT）。韩国科学技术评估与规划研究院的使命是强化科学技术规划与评估的专业性，提高研发投资效益；加强政策研究，应对未来问题先发制人，打造创新增长引擎；支持和实施公众能够参与和理解的政策；发挥协调作用，加强沟通，促进政策落地；加强战略研究和规划，实现智库跨越式发展；促进国际科技合作。

韩国科学技术评估与规划研究院主要执行六项工作：一是科技预见和未来战略。根据《科学技术基本法》第 13 条、第 14 条、第 27 条，开展未来趋势分析、技术预见、技术水平评价、技术评估、国家标准科技分类体系开发等工作。具体为，对未来科技进行技术预见，探索政府层面应对未来科技挑战的举措，每 5 年负责开展一次"国家科学技术预见"活动；识别新兴技术，并考虑新兴技术的经济和社会影响；识别需要政府层面投资的关键技术，制定技术发展路线图；制定国家科技战略，以解决社会问题，提高生活质量；评估主要国家技术水平，分析新技术对经济、社会、文化、环境的影响；建立国家科技分类体系标准，有效管理科技信息、人力资源和研发项目。二是科技政策规划与协调。支持国家科技政策和计划的制定与协调，以加强国家科技能力。具体为，每五年制定一次"国家科学技术基本计划"，这是各部委在科学技术领域的最高常设计划，并每年审查年度行动计划及其成果；制定科技人才培养计划、创意人才培养计划；制定区域科技振兴计划;分析各部委的中长期科技规划,综合分析相关问题;为总统科学技术咨询委员会提供业务支持,以解决科学技术领域持续存在的问题;支持政府研发项目相关法律的立法和修改,完善相关制度和措施。三是政府研发预算分配与协调。为政府研发项目的战略投资提供政府研发预算(2019年,21个部委的652个项目约为20万亿韩元),制定政府研发投资的方向和标准,并根据不断变化的全球格局制定科技政策和技术的投资策略。具体为,分析全球科技政策和技术发展趋势,制定政府研发投资的战略措施;提出各财政年度研发预算分配和协调计划,以反映政府重点科技政策和当前技术发展议题;通过审查反映政府投资重点的持续议题,起草每个财政年度政府研发项目的预算分配和协调计划;分析研发投资与其成果之间的关系并评估政府研发投资的影响。四是政府研发项目评估。调查并分析公共和私营部门的研发投资和成果,并根据调查和分析来评估政府研发项目,促进政府研发项目成果产出。具体为,对上一年度政府研发项目进行调查分析;按照经合组织手册对公共和私营部门的研发活动进行调查;制定和提供绩效评估指标,进行元评估、深度评估和政府资助的研究机构评估;开发评估方法,包括绩效评估模型,以改进国家评估体系;评选"全国研发成果100强",肯定国家研发成果的卓越表现;制定科研成果管理和运用的基本规划,检查研发成果的利用情况;调查专门从事绩效管理和分配的机构;制定知识产权和法规改革战略;比较30个经合组织成员国的科技创新能力,提出提高韩国创新能力的政策措施。五是全球科技合作。建立了一个平台,以便与不同的国家和组织在科技创新领域进行有效的网络和知识交流,目前已有25个国家约51家机构与韩国科学技术评估与规划研究院开展合作;提供科技创新政策培训项目,分享科技创新驱动的国家发展经验,以促进包容性增长。具体为,通过国际合作确定全球科技问题;通过国际会议和出版物向全球社会宣传韩国科学技术评估与规划研究院的重大成果;自2009年起与联合国教科文组织南南合作国际科技创新中心合作举办"高层政策制定者科技创新政策培训项目";通过提供咨询,分享有关设计和实施科技创新政策的知识和经验。六是政府研发项目可行性研究。在提供资金和初步技术评估之前,对新的大型政府研发项目进行可行性研究,以选择合格的研发项目。具体为,评估研发项目在技术、政策和经济领域的综合可行性;对超过500亿韩元、政府补贴超过300亿韩元的新的政府研发项目进行可行性研究;评估研发项目规划的必要性、紧迫性和排他性等技术方面;建立和修订预可研指南,完善制度;研究提高预可研的客观性、可信性、有效性的方法。

韩国《科学技术基本法》规定,每5年开展一次中长期(约为25年)的科学技术预见活动。从1994年启动以来,韩国已经完整实施了6次科学技术预见,预见结果为"科学技术基本计划"等国家重要科技战略的制定提供支撑。1994年,韩国科技政策研究所组织实施第一次技术预见,对未来20年1174项技术的重要性、技术水平和实现时间进行研判。1998年,韩国开展第二次技术预见,实施单位由韩国科技政策研究所调整为科学技术评估与规划研究院,预见周期由20年调整为25年。这两次技术预见活动运用了德尔菲法和头脑风暴法。2001年,技术预见活动被正式纳入韩国《科学技术基本法》,从国家层面依法实施技术预见研究。2003年开始的第三次技术预见活动,在德尔菲法的基础上增加了地平线扫描和情景分析两种方法。2010年启动的第四次技术预见,仍然沿用地平线扫描、德尔菲和情景分析的方法。2015—2016年的第五次技术预见,继续使用地平线扫描和德尔菲法,增加了大数据分析和技术扩散点分析方法,以更好地把握社会和技术发展态势。这次面向2040年的第五次技术预见,预测了未来社会的发展趋势,分析了技术的寿命及临界点,提供了支撑未来发展的267项关键技术,对未来社会科技态势发展具有深远影响。第三次、第四次、第五次技术预见活动均把地平线扫描作为首要的基础方法,为韩国科技决策层提供了新兴科技领域的愿景和方向,识别出对国家财富增长和人民生活质量提高极具潜力的新技术。这些技术预见成果均落实到国家关键技术选择和科技战略规划中,指导了韩国五年"科学技术基本计划"的制定。

  2022年9月,韩国科学技术评估与规划研究院发布《第6次科学技术预见(2021—2045)》报告[59]。该报告结合内外部环境变化,预测了未来社会5大趋势、12个热点问题,以及2045年将出现在各科学技术领域的241项未来技术和15项未来创新性技术;结合社会需求以及热点研究领域的前景,确定了未来技术,以解决未来25年社会将出现的重大问题,增强对未来技术的理解和利用;有助于研究人员确定新的研究思路以及政策制定者做好系统规划。第六次技术预见工作主要包括未来社会展望、未来技术分析与德尔菲调查三个阶段,采用了地平线扫描、大数据网络分析、科学图谱分析、文献计量等多种方法。地平线扫描用于判断未来社会大趋势并确定候选技术群,支撑专家决策。由科技专家参与的两轮德尔菲调查分析,考察了未来技术和未来创新性技术的主要特征,包括创新性、不确定性、重要性、技术竞争力、技术实现时间、预测临界点、所需政府政策等。

  对未来社会的预测是通过一系列工作实现的,包括识别未来热点和大趋势、识别重大问题、评估和分析重大问题、识别与重大问题相关的社会需求以及制定科技对策。韩国第六次技术预见推导提出2045年韩国社会发展的5大趋势和

12个热点问题。其中,5大趋势分别为数字世界、社会结构变化、全球环境变化与资源开发、世界秩序变化、风险常态化,12个热点问题分别为数字经济、非接触式社会、价值多样化社会、人口结构变化、城市变化、环境和资源变化、未知领域的开拓、全球化时代、东北亚局势变化、国家局势变化、新兴安全保障和极端冲击。未来技术被定义为到2045年可能在技术上实现并对韩国科技、社会和经济产生重大影响的特定技术(成品、零部件、材料、源技术、服务等)。韩国第六次技术预见根据未来社会需求、科技发展和解决重大问题的政策制定,预见2045年将出现共241项技术,包括数字化转型领域的41项、制造和材料领域的34项、人类与生命领域的47项、城市地区与灾害领域的38项、安全与开发领域的37项,以及能源与环境领域的44项。最后,此次技术预见给出了实现未来技术的四点建议:

(1)首先是政府的基础设施建设和充足的研究经费,需要政府、研究机构和工业界发挥主导作用;

(2)政府需要根据未来问题的性质,战略性地制定政策措施;

(3)根据相关技术问题和特点,需要不同主体参与技术研究;

(4)根据技术特点进行战略投资。

## 2.4.3 新加坡的风险评估和地平线扫描计划

新千年之际,新加坡与许多其他国家一样,受到了一系列战略突袭事件的影响。自20世纪80年代以来,新加坡就尝试进行情景规划。然而,诸如2001年的美国"9·11"事件、2001年12月揭露的极端伊斯兰组织袭击美英及以色列驻新加坡大使馆的阴谋,以及2003年的SARS疫情暴发等事件表明,在日益复杂的环境中,单靠情景规划无法帮助预测战略突袭。

鉴于SARS病毒对国家发展造成的影响,新加坡国防部利用美国的全面信息感知系统(TIA)思路进行了一次演练来预测疫情,结果发现,系统可帮助新加坡在病毒抵岸前两个月便捕捉到疫情暴发迹象。为此,新加坡在2004年7月发布了新的国家安全战略框架,确立用一种网络化和统筹协调的方式来处理国家安全问题,在总理办公室设立了国家安全统筹秘书处(NSCS)特别侧重于新出现的跨国恐怖主义威胁。拟议的措施之一是建立风险评估和地平线扫描能力,有两个关键目标:一是授权政府有效地发现外部冲击的微弱信号和指标;二是鼓励机构间合作,促进知情分析。

国家安全统筹秘书处负责国家安全规划和统筹,强化新加坡现有安全机构之间的协调，包括新加坡武装部队、新加坡警察部队、国内安全部以及安全和情报司。其分为两个主要分支部门，一是联合反恐中心（JCTC），提供关于恐怖主义威胁的战略分析，并协助建设其伙伴机构的反恐能力；二是国家安全统筹中心（NSCC），承担国家安全规划、政策协调和战略威胁预测的三重作用。2004年，新加坡风险评估和地平线扫描（RAHS）计划办公室成立，作为国家安全统筹秘书处的一部分，由国家安全统筹中心进行全面协调和管理，开发风险评估和地平线扫描系统，搜集并筛查大量数据，加以分析，创建模型，预测可能出现的事件，并在新加坡政府机构内分享。风险评估和地平线扫描计划办公室成立之初，下设地平线扫描中心和 RAHS 实验中心，前者的作用就是系统审查可能对新加坡产生重大影响的潜在威胁、机遇和可能的重大发展。

风险评估和地平线扫描系统旨在建立一种新的软件功能，帮助分析人员捕捉可能对新加坡产生严重影响的趋势、危机和重大转折点的微弱信号。国家安全统筹中心牵头开发风险评估和地平线扫描系统，包括研究风险评估和地平线扫描的概念和方法框架，与新加坡政府内部的其他伙伴机构合作，并借鉴学术界和私营部门倡议等其他领域的专业知识。该系统由新加坡国防科技局、国防科技研究院国家实验室与美国阿灵顿研究所的约翰·彼得森和英国 Cognitive Edge 公司的戴夫·斯诺登合作开发，其概念围绕几个关键过程：构建模型、收集数据和整理信息、探测新兴趋势和发现异常模式，以及在一个保密网络与政府的其他分析师合作。该系统采用了不同的地平线扫描方法，以多样性来降低对某一特定方法盲目依赖或只用一种思考未来的方式所带来的不足。系统旨在对 2~5 年范围的新兴战略突袭进行早期预警，以此实现先发制人或采取预防措施。它不是监视工具和预测工具，不能预测离散事件，更多是一种超前分析工具，捕捉指向不良趋势、危机和重大转折点的微弱信号或异常值。它也不是自动预警系统，不能取代分析人员，而是通过自动化来增强分析人员的能力。系统开发不仅要利用不断进步的信息技术，更重要的是，需要包括认知心理学和社会科学在内的不同领域的人类决策理论的进步。

在国家安全统筹中心内部，风险评估和地平线扫描小组是技术预见的焦点，它也是地平线扫描中心的所在地，负责统筹协调有助于风险评估和地平线扫描的各个其他机构。地平线扫描中心首先负责协调由 20 个机构组成的政府信息网络，涵盖反恐情报、生物医学和网络监视、海事安全和能源安全等。其面向服务的架构利用先进技术记录战略扫描的结果，促进网络内的信息共享。这个政府范围的信息网络建立在节点到节点的理念之上，每个机构通过与其他机构交换数据参与其中，从而有助于创建可互操作的协作环境。它允许将不同机构的数据和工具作为可发现和可共享的网络服务进行处理和利用。因此,每个机构都向系统提供从各自的扫描和开放源中收集的信息,并从其他机构提供的数据中获益。该系统在两个独立的网络上运行:一个是保密的或封闭的网络,另一个是非密的或开放的网络。

系统能帮助用户处理大量信息,在其存储库中搜索文章,并执行多种分析以快速提取所需信息;允许用户对传入和现有数据集进行元标记和评论,并将其可视化,以放大数据异常值。此外,数据结构化服务可以构建具有相关一致性矩阵的系统图,并执行形态学分析。值得注意的是,系统融合了以前在研讨会环境中应用的概念,如系统思维和复杂性分析。因此,主要的挑战是将它们转化为所有用户在日常操作中都可以轻松使用的软件功能,即使他们不完全理解底层理论和概念。

风险评估和地平线扫描计划的第二个支柱是 RAHS 实验中心。该中心以技术为导向,重点关注风险评估和地平线扫描系统的探索、实验和增强。该中心由新加坡国防科技局管理,主要开展两项活动:一是进行实验,在作战环境中培育新的概念和技术,并与政策分析师一起确定风险评估和地平线扫描的有效性;二是与政府机构一起参与复杂问题的案例研究,充分演示风险评估和地平线扫描系统如何帮助解决这些问题。一个典型的案例是,探讨禽流感传入新加坡的情景并评估该地区爆发的威胁程度。因此,RAHS 实验中心有两个主要目标:一方面,它充当技术扫描和创新中心,与其他政府机构、学术机构和私营部门合作,探索和实验与风险评估和地平线扫描系统相关的新兴技术工具;另一方面,它确保整个系统进行持续地技术开发,引入新的概念和技术来扩展功能。

新加坡的风险评估和地平线扫描计划进一步制定了外联战略,以开发公共宣传流程,将其扩展到政府以外的机构;与新加坡的大学合作,以获得对该系统的反馈和支持,建立适用于政治、社会或经济领域的模型。在这些活动中,风险评估和地平线扫描可用于研究目的,同时促进新加坡年轻人使用地平线扫描的概念和方法。此外,新加坡国家安全统筹中心帮助监督南洋理工大学研究生水平的未来研究项目,参与组织研讨会和讲习班,引进方法论专家和其他演讲者,以扩大新加坡政府内部面向未来思维的广度和深度。外联战略还寻求在私营部门建立值得信赖的领域专家网络,利用他们的专业知识和智慧。最后,从长远来看,外联战略旨在通过与国际合作伙伴开展交流项目,将地平线扫描扩展到新加坡境外。

除关注国家安全问题之外,风险评估和地平线扫描计划也延伸到公共政策的其他领域。2006 年,新加坡利用风险评估和地平线扫描方法分析了 Facebook、Twitter 和其他社交媒体的帖子,评估国民情绪,预估可能出现的骚动。2009 年,新加坡将风险评估和地平线扫描方法输出到整个政府系统,应对国内各种社会和经济问题,包括"黑天鹅"事件、政府采购、预算、经济预测、移民政策发布、房地产市场研究、教育方案设计等。

风险评估和地平线扫描计划促进了机构间合作,汇集来自政府内部和外部来源的所有潜在相关信息,实现跨政府部门的连接广泛专业团体的有效的信息和观点共享,成为政府战略规划过程的重要组成部分。

从 2007 年起,新加坡风险评估和地平线扫描计划开始提供三个系列的情报服务产品:①《SKAN 日报》,含 7~8 篇文章,基于对各种开源信息渠道的日常扫描,对关涉新加坡的多领域重点问题进行描述;②"Vanguard",对关于萌芽问题和趋势进行提炼的分析报告;③《Tech – SKAN 月刊》,重点刊载与 RAHS 自身能力提升有关的萌芽技术。新加坡风险评估和地平线扫描计划办公室已经组织了多次国际风险评估和地平线扫描研讨会,主题包括:"'黑天鹅'和'黑象'""连接预见、政策和实践""战略预见和可操作政策""新兴风险和新兴机遇""战略预期:为未来制定有效的战略""实现愿景:挑战和解决方案"等。

2012 年,风险评估和地平线扫描计划办公室进行组织调整,其中的地平线扫描中心重组为 RAHS 智囊中心和 RAHS 解决方案中心,与 RAHS 实验中心并列,成为三个中心。RAHS 智囊中心通过出版物激发政策制定者的思考,为其提供有关新出现的风险和机遇的见解;RAHS 解决方案中心通过预见过程和培训来支持决策者的决策,使他们能够进行战略预见;RAHS 实验中心对预见过程和技术进行实验,并将它们纳入风险评估和地平线扫描系统。这三个中心共同致力于完成风险评估和地平线扫描计划办公室的使命,通过引人入胜的分析、稳健的过程和先进的系统,提高决策能力。

## 2.5 其他美盟国家的科技地平线扫描

在开展科技地平线扫描的国家中,除美国外,许多是美国同盟或联盟体系国家,如英国、日本、韩国和部分欧盟国家等,前面几节已作概述。本节简要介绍其他美盟组织或国家的科技地平线扫描情况,主要涉及北约科学技术组织、澳大利亚学术研究院委员会和加拿大药品与卫生技术局。

### 2.5.1 北约科学技术组织的科技地平线扫描

北约依托"冯·卡门地平线扫描倡议"(von Kármán Horizon Scanning Initiative)开展地平线扫描工作。该项工作由北约科学技术组织首席科学家办公室领导,可在2~6个月的短时间内针对特定科技主题快速执行科技扫描,目的是增强军事人员和科学家对具有潜在国防相关性的科技趋势的前沿态势感知,识别和评估新兴技术的国防影响,为军民用规划和投资提供证据性建议。

北约科学技术组织是北约的附属机构,同时是世界上最大的国防和安全领域的合作研究网络。2012年7月,北约原研究技术局和原水下研究中心合并组建北约科学技术组织,其主要职责是通过科学和技术研究支持联盟及其合作伙伴的国防和安全能力,提供创新、建议和科学解决方案,满足联盟不断变化的需求,确保北约保持军事和技术优势,应对当前和未来的安全挑战。北约科学技术委员会负责管理北约科学技术组织,包括管理该组织下设的委员会及其三个执行机构。这三个执行机构分别是:由原水下研究中心改名的海事研究和实验中心、由原研究技术局改名的协作支持办公室和后来成立的位于北约总部的首席科学家办公室。当前,北约科学技术组织已培育形成由6000多名积极参与的科学家组成的社群,可借鉴盟国和伙伴国家超过20万人的专业知识,其年度工作计划包含300多个项目,涵盖自主系统、反潜战、高超声速飞行器、量子雷达,以及社交媒体对军事行动的影响等广泛领域。

北约科学技术委员会已经意识到地平线扫描是一个需要推进的战略领域,并将其选作2015年起开始实施的"战略科技计划"之一。冯·卡门地平线扫描采用了航天工程学家西奥多·冯·卡门的基本原则,把军事人员和科学家聚集在一起,努力增强集体知识和理解,为未来奠定坚实的基础。该项工作满足北约为促进创新所需的战略层面的、军民两用的地平线扫描、技术评估和监测能力。

北约利用地平线扫描开展科学技术发展研究和评估,已发布多个报告。2016年,北约组织专家针对未来十年激光武器技术发展和使用进行了地平线扫描评估;2017年,围绕量子技术和三维成像系统开展地平线扫描评估;2020年,针对面向未来部队的新兴生物技术和人效增强技术开展地平线扫描,识别最有前景的子领域;同年,发布《网络威胁和北约2030:地平线扫描和分析》;还支撑出台了《科学技术趋势2020—2040》《科学技术趋势2023—2043》等预测报告。

2022年5月,北约科学技术组织会同北约通信与信息局正式启动"人工智能地平线扫描"战略计划[60]，以更好地了解人工智能技术及其潜在的军事影响。人工智能是北约确定的关键新兴和颠覆性技术之一，对保持北约的技术优势至关重要。通过此次合作，北约科学技术组织和北约通信与信息局能够汇集全球专家，确保提供最佳的科学专业知识，就人工智能领域的最新科学趋势向北约及其盟国和合作伙伴提供建议。该计划将采用冯·卡门地平线扫描基本原则，扫描人工智能领域的最先进技术、未来十年发展前景、人工智能与军队相关性、潜在投资渠道等，使军事人员和科学人员更紧密地联系在一起。

2022年，北约科学技术组织对人工智能进行了地平线扫描，发布了多个主题的新技术观察卡，讨论了人工智能的恶意使用和对国防的影响，特别是对情报、监视和侦察，导弹防御，电子战和无人机群，以及网络防御的影响，并于2023年发布报告。专家们强调了人工智能的固有风险（可追溯性、可解释性、脆弱性和偏见），以及源自开源情报和免费数据集、有针对性的网络攻击、信任缺乏，或者对手的弱点，讨论了促进人工智能共享安全发展和先进网络安全的必要性。

2023年3月，北约科学技术组织发布《科学技术趋势2023—2043：跨越物理、生物和信息领域》报告[61]，这是基于冯·卡门地平线扫描的重要成果。该报告旨在为北约技术战略、能力发展和科技工作计划提供背景和基础，加深北约内部对可能增强或者威胁北约军事行动的新兴和颠覆性技术发展的理解，指导北约研究发展投资组合管理、创新活动和能力规划。该报告所用的信息来源包括：北约科技趋势和未来安全环境研究、战略、讨论和评估；技术观察卡、首席科学家报告、技术推演和冯·卡门地平线扫描；开源技术观察和未来研究元分析和评论；开源信息的内部和外部定量分析；全球科技生态系统的科学计量分析；北约科学技术组织网络和小组调查；北约的新兴颠覆性技术研讨会和创新系统；北约和合作伙伴新兴颠覆性技术的研究项目。该报告研究了7项颠覆性技术、3项新兴技术和7项交叉技术。其中，7项颠覆性技术是大数据、信息与通信技术，人工智能技术，机器人与自主系统技术，太空技术，高超声速技术，能源与推进技术，电子学与电磁学技术；3项新兴技术是量子技术、生物与人效增强技术和新材料与先进制造技术；7项交叉技术是大数据–人工智能–自主系统交叉技术、大数据–量子交叉技术、太空–高超声速–材料交叉技术、太空–量子交叉技术、大数据–人工智能–生物交叉技术、大数据–人工智能–材料交叉技术、能源–材料–人工智能交叉技术。该报告分析认为，新兴颠覆性技术将在未来20年内以成本低廉的方式达到技术成熟，给北约部队带来作战、互操作性、伦理、法律和道德等方面的重大挑战，并将显著影响北约的决策、对抗等能力。

## 2.5.2 澳大利亚学术研究院理事会的科技地平线扫描

澳大利亚学术研究院理事会(ACOLA)是一个论坛组织,把澳大利亚学术研究院的人员聚集起来,为国家政策提供专家建议,为复杂的全球问题和新出现的国家需求制定创新解决方案。澳大利亚学术研究院理事会共有五个成员:澳大利亚人文研究院、澳大利亚科学院、澳大利亚社会科学院、澳大利亚技术科学与工程院、澳大利亚健康与医学科学院。澳大利亚学术研究院理事会通过这些学术机构可以接触到3000多名澳大利亚最伟大的思想者,以可信的、独立的和跨学科的基于证据的建议推进对复杂问题的讨论,为强有力的决策提供批判性思维和依据。澳大利亚学术研究院理事会可追溯到1970年,2010年改为现名。

澳大利亚政府将地平线扫描定义为"一种结构化的证据收集过程",收集或审议广泛的证据、研究成果和各种观点,以识别事件、模式和趋势等发展动态的弱信号,改善政策制定和思维创新。开展地平线扫描工作,关键是从广谱信息源收集和分析关于感兴趣话题的各种思想、证据和观点。重要的是,地平线扫描所收集到的信息必须记录在某个地方。地平线扫描不仅要扫描传统信息源,还要扫描一些非传统的信息源,包括:博客、观点片段、社交媒体;无线电台的新闻;从业者、客户、政府官员、服务供应商及其他社会成员的访谈资料;各种会议和智库的论文;各种讲座资料;基于互联网的视频。

受澳大利亚首席科学家委托,澳大利亚学术研究院理事会代表国家科学技术委员会发布地平线扫描报告,针对相关问题提供独立、及时地分析,引导决策者做出未来十年决策。地平线扫描报告吸收了澳大利亚学术研究院理事会内部深厚的学科专业知识来分析未来、引导变革并强调国家的机遇。作为跨学科研究,这些报告涵盖环境、经济、社会、文化等考虑因素,提供经过深思熟虑的研究结果,支撑国家应对重大科学技术变革而做出全面的政策反应。地平线扫描项目参与单位有澳大利亚人文研究院、澳大利亚科学院、澳大利亚社会科学院、澳大利亚技术科学与工程院、澳大利亚健康与医学科学院,以及新西兰皇家学会。

截至2020年,澳大利亚学术研究院理事会发布的地平线扫描报告有《储能在澳大利亚未来能源供应结构中的作用》《澳大利亚精准医疗的未来》《澳大利亚合成生物学:2030年展望》《人工智能的部署及其对澳大利亚的影响》《农业技术的未来》《物联网:最大限度地发挥澳大利亚部署的优势》等。一个典型例子是关于合成生物学的地平线扫描报告,研究了合成生物学对澳大利亚的机遇和挑战,包括先进生物制造、农业、环境保护和健康方面的伦理、法律和社会考虑。

### 2.5.3 加拿大药品与卫生技术局的科技地平线扫描

加拿大药品与卫生技术局(CADTH)是一个泛加拿大的卫生组织,由加拿大联邦、省和地区政府创建和资助,负责在药物和卫生技术领域推动更好的协调、统一,为加拿大卫生系统领导人提供独立的证据和建议,使他们能够针对药物、卫生技术和卫生系统做出明智的决策。

加拿大药品与卫生技术局的地平线扫描计划旨在识别可能对加拿大医疗领域产生重大影响的新兴卫生技术,定期扫描和监测各种卫生健康信息源,以发现尚未在加拿大卫生保健系统中广泛使用的有前途的新技术。这些技术要么尚未在加拿大获得使用许可,要么尚未广泛使用,要么未用于常规临床应用。地平线扫描出版物会总结某一技术的信息,包括现有证据、监管状态和潜在成本,以及同时发生的开发和实现问题,覆盖的卫生技术领域包括医疗设备、药物、诊断成像、实验室测试、外科手术和其他健康干预措施。地平线扫描官员负责审查加拿大药品与卫生技术局识别的主题或外部建议的主题。经过审查的尚未获得许可的技术通常有望在 6 至 18 个月内获得加拿大卫生部的批准。那些被认为最及时、最相关的主题选入公报或简报中用于审查,其他主题保存在地平线扫描主题数据库中,以供监测和将来审查,或转发给卫生技术评估人员进行更全面的审查。

加拿大药品与卫生技术局的地平线扫描出版物包括三类:

(1)"新兴卫生技术主题"出版物,是一种对新的或新兴卫生技术提供详细描述的公报;

(2)"卫生技术更新"出版物,是关于新的和新兴卫生技术的短文简报;

(3)"地平线扫描综述"出版物,是来自加拿大药品与卫生技术局和其他机构的地平线扫描报告汇编。截至 2024 年 7 月,加拿大药品与卫生技术局的地平线扫描计划已经开展上百项研究,发布的报告包括"人工智能增强快速反应脑电图用于非惊厥性癫痫""医疗保健中的聊天机器人:连接患者与信息""光子计数 CT:分辨率高、辐射少""钠-葡萄糖共转运蛋白 2(SGLT2)抑制剂在 2 型糖尿病、心衰和慢性肾脏疾病中的作用""加拿大新冠和流感的即时检测""体内和体外基因编辑中的 CRISPR 技术"等。

这些出版物有两类受众,主要受众是医疗保健决策者和提供者,二级受众是其他卫生技术评估机构和地平线扫描项目人员、学术研究人员、专业协会、患者和患者团体,以及公众和媒体。对于决策者而言,该地平线扫描计划旨在通过提高对新兴卫生技术的认识来支持规划和确定优先事项,了解采用新的和新兴卫生技术所带来的可能影响。对于医疗保健提供者而言,可促进适当采用新的和新兴卫生技术,并了解其潜在风险和益处。对于患者而言,能够知道可能影响他们自身的新兴卫生技术。

加拿大药品与卫生技术局的地平线扫描出版物产品不提供支持或反对使用特定的新兴卫生技术的建议,也不打算取代专业的医疗建议。对技术缺乏高质量的证据并不一定意味着缺乏有效性,特别是对于新的和新兴卫生技术来说,可用的信息可能很少,但将来可能被证明是有效的。

## 2.6 部分国际组织的科技地平线扫描

地平线扫描作为一种被各国广泛采用的研究未来的主流工具,也受到一些国际组织的青睐,用于早期发现全球性危机或机遇,包括联合国粮食及农业组织和世界卫生组织。

### 2.6.1 联合国粮食及农业组织的科技地平线扫描

联合国粮食及农业组织成立于1945年,是联合国系统内最早的常设专门机构,是各成员国间讨论粮食和农业问题的国际组织。其宗旨是提高人民的营养水平和生活标准,改进农产品的生产和分配,改善农村和农民的经济状况,促进世界经济的发展并保证人类免于饥饿。

联合国粮食及农业组织认为,食品生产中的许多影响因素都可能直接或间接导致重大食品安全危害、风险和问题。在早期阶段识别这类事件,及时防止其发生,则可有效降低损失。为改善各级食品控制系统,食品安全控制范式已经从被动响应转向前期预防性、预测性的方法。

2013年10月,联合国粮食及农业组织发布《地平线扫描与预见:方法概述以及在食品安全领域的可能应用》研究报告。报告指出,传统上用各种监测方法和工具来识别和评估潜在的危害、风险和问题,并为可能采取的行动提供建议。这些传统方法在识别当下的紧迫危害和问题方面相当有效,但还需要预测重要的中长期问题,以便采取有效的预防措施。地平线扫描/预见/未来情景的方法或途径已在不同国家和组织广泛使用多年,在食品安全领域也得到使用,可识别潜在的中长期危害和机遇。

联合国粮食及农业组织的地平线扫描活动的最终用途主要有：①未来情景构建研究，用于预测和识别可能的风险领域；②影响建模（了解哪些驱动因素正在影响已识别的新问题以及如何影响）、脆弱性和风险评估；③未来研究和专家会议规划；④校正或验证国家层面的监测计划；⑤提高认识，制定政策建议，并赋予监管机构修订立法的权力；⑥编写粮农组织的技术文件；⑦指导粮农组织未来的工作计划；⑧制定战略框架。地平线扫描活动最终支持粮农组织成员国（主管部门和实验室等技术部门，政策制定者）和粮农组织管理层的决策。

2022年3月，联合国粮食及农业组织基于地平线扫描的方法发布《思考食品安全的未来》技术预见报告，探讨经济增长、消费者行为和消费模式的改变、全球人口增长和气候危机等全球重大变化因素将如何影响未来世界的食品安全。报告认为，影响未来发展的根源性因素在当前已经以微弱、早期迹象的形式出现。通过系统地收集信息来监测有关迹象，可帮助决策者进一步准备应对新出现的机遇和挑战。报告列出了食品和农业领域中一些重要的新问题，重点关注食品安全的影响。报告涵盖了八大类驱动因素和趋势：气候变化、新的食物来源和生产系统、城市农场和菜园数量的增加、消费者行为的改变、循环经济、微生物学（研究人类肠道内部和周围环境的细菌、病毒和真菌）、技术和科学创新以及食品欺诈。

2023年12月，联合国粮食及农业组织基于地平线扫描的方法发布《获得变革：利用新兴技术和创新促进农业食品系统转型》预见报告。该报告通过地平线扫描识别了167项潜在的新兴农业食品技术和创新，并把最有潜力的32项分为8个群簇，识别出变革的趋势、驱动因素和触发因素，从而提供了一个加快所需创新步伐的工具箱，构建了可激发反思的合理的技术未来情景，为政策选择提供信息并呼吁采取行动。报告强调，负责任地使用技术和创新需要更新研究和政策事项，重新确定投资和能力的用途，使科学、技术和创新的获取平等化，施行监测、评估和学习的实时反馈机制，以及利用合作创新路径。该报告旨在解决跨越2030—2050年及以后的不同时间跨度内有关新兴农业食品技术和创新的知识鸿沟问题。

### 2.6.2　世界卫生组织的科技地平线扫描

世界卫生组织成立于1948年，是联合国下属的一个专门机构，是国际上最大的政府间卫生组织。其宗旨是使全世界人民获得尽可能高水平的健康，主要职能包括：促进流行病和地方病的防治，提供和改进公共卫生、疾病医疗和有关事项的教学与培训,推动确定生物制品的国际标准。确定影响人类健康的新兴技术对其工作具有重大意义。

2020年,世界卫生组织科学部增设全球卫生预见职能,协助成员国将未来思维和地平线扫描纳入其卫生规划战略框架,使他们能够为应对不断变化的世界而更好地做出预备,加速从可用的新兴技术中获益。

2021年,世界卫生组织发布《新兴技术和"双刃剑"关切:全球公共卫生地平线扫描》报告,介绍了对生命科学领域受关注的"双刃剑"研究进行国际地平线扫描的结果。在该研究中,扫描是基于有组织地从专家获取的结构化信息。专家按照从小于5年到大于10年的预期时间线把最终的15个优先主题进行分类。识别的主题覆盖从治理到新技术和融合技术的范围。报告清楚地给出了生命科学研究可能被最严重滥用的领域,为加强治理、防范和应对提供指引。该报告也表明,地平线扫描在识别由于社会和技术变革而出现的机遇和风险方面很有用。

2022年,世界卫生组织发布《新兴趋势和技术:全球公共卫生的地平线扫描》报告,介绍了一组国际专家在2020年和2021年对全球公共卫生相关新兴技术和趋势进行的地平线扫描的结果,识别出15项可能在今后二十年对全球卫生产生重大影响的新兴技术和科学进展。这些技术和进展包括:

(1)小于5年的,大流行的准备和预防、疫苗分配、机器学习发现抗生素、疾病筛查应用程序、联合生物库、处理错误和虚假信息、使用真实世界证据;

(2)5~10年的,基于生物传感器的即时诊断方法、人工智能辅助临床推理支持系统、困境中的药物开发、基因工程噬菌体疗法、数字健康和监测;

(3)大于10年的,远程医疗、微生物疗法、移民健康。

为进一步识别可改善全球卫生(包括解决通常被忽视或未得到充分/快速解决的卫生需求)的科技创新,世界卫生组织科学部于2022年启动新的地平线扫描活动,主要采用德尔菲法,还开展了关键信息提供者访谈。2023年7月,世界卫生组织发布《2023新兴技术与科学创新:全球公共卫生视角》报告[62],公布了研究结果。研究共定义了8个创新群:诊断技术,健康产品与给药技术,组织工程与再生医学,分子生物学、细胞、免疫及基因治疗,公共卫生(环境、气候变化、流行病学、监测、营养与健康),传播与实施,人工智能、物联网、可穿戴设备、远程医疗、增强现实与虚拟现实技术,材料及生物材料、义肢,共计100多项创新。最终,识别确定出科学技术的变化、实践的变化以及社会和全球趋势等三大主题的未来发展。报告也指出,尽管新兴技术和科学创新提供了许多机遇,但也可能伴随着风险。部分风险是所有创新的共性,包括:可能加剧卫生公平方面的差距,可靠性和准确性取决于数据和过程的质量以及充分利用结果的能力,开发所需的质量、准确性和可靠性以及商业化和推广的成本,数据隐私。

## 2.7 中国的科技地平线扫描研究现状

我国开展地平线扫描研究和实践起步较晚,尚未大规模推广,在地平线扫描理论研究和信息技术开发方面取得一定进展,在公安情报预警、新兴卫生技术、生态环境保护等领域进行了前瞻性理论研究,已经在支撑科技和安全等领域的决策方面初步应用。

理论研究方面,北京大学王延飞等[63]对地平线扫描在科技管理决策领域的应用进行了研究,认为选择合适的前瞻性预测方法才能够促进组织机构科技管理决策科学化的实现,作为前沿预测分析的一部分,地平线扫描发挥着不可替代的作用。研究重点梳理了澳大利亚、欧盟联合研究中心和南极科学委员会的地平线扫描活动,提出要扩展地平线扫描的应用领域。中国航天系统科学与工程研究院杜元清系统研究了地平线扫描的概念和案例,概述了地平线扫描的基本定义和起源,讨论了地平线扫描的几个重要概念——地平线、研究前沿、弱信号、技术监视、技术预见和技术评估,讨论了地平线扫描的概念模型、流程和方法,提出我国应该在情报教学中尽快添加地平线扫描内容,培养地平线扫描人才。

关键技术和方法方面,中国科学技术信息研究所依托国家重点研发计划项目"颠覆性技术感知响应平台研发与应用示范"课题"地平线扫描系统",对日本、德国、美国、英国等国家及其地平线扫描机构的地平线扫描模型、扫描流程、扫描方法等进行了研究[64]。一方面,中国科学技术信息研究所依托自身的科技文献数据资源优势,对各类科技文献数据进行整合,融合了网络监测数据、政策数据、各类行业研究报告、宏观经济报告、科技查新数据等各类型数据。在基础数据整合上,将上述类型数据进行多源信息综合,并实现多维信息提取,为科技决策、应对突发事件提供多领域、多角度、多视角的全方位数据支撑,建成地平线扫描环境体系。另一方面利用地平线扫描系统,对有关前沿技术的论文、专利和智库报告进行全面扫描、分析和识别,研究了智能网联汽车技术、燃料电池技术、新能源汽车前沿技术、节能汽车前沿技术等领域,确定了上述领域的前沿技术清单。

与业务应用结合研究方面,中国人民警察大学[65]面对公安情报预警范围之外的弱信号风险,立足于提高公安机关预警能力,将地平线扫描与公安情报预警模式相结合,通过分析地平线扫描与公安情报预警的内涵、融合可行性、构成要素,构建出基于地平线扫描的公安情报预警模式,列举出模式运行流程与应用条件。这是对地平线扫描应用于公安预警领域的重要理论研究。上海市医学科学技术情报研究所[66]立足医学领域,面对新兴的卫生技术,比如药物、医疗设备、手术程序等数量增长迅速的现状,发现并非所有的新技术都能改善健康和具有合理的成本效益,部分新技术的产生可导致医疗费用的快速上涨,提出建立新兴卫生技术评估中的地平线扫描。中国科学院海洋研究所[67]面对全球化重大生态环境事件突发风险日益增加的背景,认为地平线扫描在外来物种入侵监管、重大地质灾害、环境生态安全和生物多样性丧失等领域具有重要应用,并研究了在政府应对生态环境风险、开展生态环境监测保护、提升政府和环保部门应对生态环境重大突发性事件能力等方面涉及的地平线扫描概念和技术组成。

# 第 3 章

## 地平线扫描主要方法步骤

地平线扫描具有"立足当前,着眼长远"的特点,赋能关键技术预见,关乎新问题的发现、新征兆的分析,以及新事物的评估。地平线扫描的结果通常表现为早期预警信号或弱信号,相应地,地平线扫描具备两个核心功能:一是预警功能,帮助政策制定者和决策者更好地预测即将发生的问题;二是创造功能,能够促进基于地平线扫描任务的结果处理、分析和集成,最终得出新理念或得以实施与发展的解决方案。据此,研究和掌握地平线扫描方法论,有助于我们更好地应对未来的挑战和机遇。

## 3.1 一般性方法

研究地平线扫描方法的中心思想在于阐明扫描三要素:扫什么、怎么扫、扫描成果怎么用。展开而言,地平线扫描方法通常遵循数据源输入、信号检测、过滤、优先排序、评估,以及使用和传播的过程。

其中,数据源是地平线扫描的"源头活水",其质量直接决定了扫描结果的准确性和可靠性。如果数据源质量低下,则由此产生的分析结果可能偏离实际情况,从而影响决策正确性。因此,在选择数据源时,需确保其权威性,如国家、国际重点实验室的科研信息、学术动态等高质量数据可以为地平线扫描提供有力的支撑。同时,也需对数据进行严格的筛选和分析,以剔除不准确或者冗余的信息。此外,考虑到突发事件下的情报服务需求特点,数据来源的丰富性和多样性以及满足情报需求也是评估数据源质量的重要因素。

地平线扫描主要有两种数据来源,一种是基于人际网络的德尔菲式(咨询)数据源,通过定期和/或不定期召开专家研讨会获得扫描输入,另一种是基于电子网络信息(Web-Based)的数据源,往往表现为结构化和/或非结构化形式。

### 3.1.1 基于人际网络的德尔菲式(咨询)数据源

与主要的研究和实践人员会面是获取特定领域新兴问题知识的好方法。基于人际网的数据源通过研讨会机制来识别新出现的趋势、机会和威胁。例如,发起于2007年的剑桥保护倡议每年都会召集一批全球学者和专家小组,以确定生物多样性保护中的新问题。

基于该数据源的地平线扫描系统一般由两个阶段组成。第一阶段,约百名相关领域的专家接受项目调研,分享他们对某一技术在其领域未来发展/转型中的作用的看法，调研结果会带来更广泛的分析主题；第二阶段，召集一个跨学科研究小组研讨确定项目的主要主题并将其归类、排序。组建跨学科小组的意义在于，确保地平线扫描能够在多视角上进行，因此，受邀专家应尽可能涵盖广泛的领域范围。

此外，跨学科研讨小组可能会在不同的领域上分析相似的主题，因此会议还讨论项目的跨领域一般方法论框架和共同研究框架，这有助于找到不同领域的共通点，形成共同的语义空间，为后续研究提供便利。此时，讨论地平线扫描的一般方法有助于研究者克服关注眼下的不足，推动参与者走出他们的舒适区。

然而，高频率的如此研讨，加之一些项目可能涵盖更广泛的研究领域，需要更广阔的专业知识人才和数据来源，这种研讨会形式便会耗费大量时间和资源。

考虑到信息自动化处理工具的普及，地平线扫描应该找到一种降本增效的方法，应用计算机辅助决策的需求日益明显。由此诞生了数据来源更广、获取方式更便捷的基于电子信息的地平线扫描。

## 3.1.2　基于电子网络信息的地平线扫描数据源

电子网络在全球范围内的发展和广泛使用，创造了一个持续变化且开源的庞大信息存储库，这为实时"预测"不断变化的信息环境提供了前所未有的机会。网络信息资源可作为地平线扫描的数据源或补充信息。然而，并非所有类型的文本数据都能用于地平线扫描，数据源的选择在很大程度上由地平线扫描活动的范围确定。

从形式上看，网络信息可分为非结构化和结构化数据。非结构化数据包括从新闻、媒体获取的文本信息，这些信息可以很好地反映社会的变化和大众的关注热点。当地平线扫描聚焦于技术领域和创新时，非结构化数据不足以满足信息库的需求。此时，结构化的学术文献数据库可以很好地满足要求，但是，科研文献存在数据时效性问题，因为知识从产生到发表、传播，在时间上存在明显地延迟，而这对地平线扫描至关重要，因此，数据时效性是一个值得关注的问题。

美国国防部的地平线扫描工作广泛利用网络信息资源，据不完全统计，其关注的常用信息源近400个。在这些信息源中，既有新闻媒体，如前沿科学新闻网、亚洲研究新闻网、美国防务新闻网、麻省理工学院新闻网、澳洲科技新闻网、美国科学促进会信息网等，也有科研文献数据库，如爱思唯尔数据库、威利期刊数据库、《自然》数据库、《科学》数据库、美国物理学会数据库、美国化学会数据库、美国光学学会数据库、美国电气电子工程师学会数据库、英国皇家化学会数据库、英国物理学会数据库等。还有一些信息源是结合了新闻媒体与数据库的同步效应,如物理学家组织网、美国《每日科学》网站,往往会以新闻的形式报道一些重大科技进展,这些进展也会有数据库的论文成果支撑。为提高知识的时效性,美国国防部也把时效性更强的"灰色文献"纳入扫描范围,如美国康奈尔大学论文预印本数据库。

英国国防部地平线扫描的信息源从技术类型(基础科学或应用技术)、技术社群(主流或边缘)、信息属性(明确的或推测的)等维度进行分类,具有很大的范围和跨度。有些信息源既涉及基础科学也涉及应用技术,例如新闻网、预印本数据库、DARPA 等,而有些信息源具有偏向性,如 SCI 数据库、研究委员会偏向基础研究,专利分析偏向应用开发;有些信息源的内容是明确的,如新闻网、SCI 论文、科学文摘等,有些既有明确的信息又有推测的信息,如 DARPA,还有些偏向于推测性,如专家研讨会文集、企业未来学会等。

欧盟委员会联合研究中心的创新监测工具(TIM)使用 3 个数据集的数据:Scopus 数据库的数据、欧洲专利局 PATSTAT 数据库中的欧洲专利数据和来自 CORDIS 数据集的信息,其中 CORDIS 数据集包括 1998 年以来欧盟框架计划(FP5、FP6、FP7、地平线 2020)资助的研究和创新项目信息。3 个数据库互相补充,数据覆盖广泛的研究主题、多种方法论层面的研究方法、跨地域和跨主题的各类应用,再结合合作伙伴关系扫描和创新识别,使研究人员对学术领域的情况有一个概观。这些数据库无疑为地平线扫描捕捉新兴趋势、新技术、创新或挑战提供了重要的信息来源。

1)Scopus 数据库

通过应用程序编程接口(API)访问 Scopus 数据库,检索出版物的元数据和摘要。Scopus 数据库中的条目既包括原创研究型论文、观点型文章,也包括发表在出版物上的文章。此外,作为补充,Scopus 数据库还收录会议论文集(会议论文节选、会议论文摘要,甚至论文全文)、评论集(包括一些简短的调查报告),以及节选的书籍章节。

2)PATSTAT 数据库

PATSTAT 数据库拥有 90 多个专利机构的专利数据,最早的文献来自 1996 年。专利文献被分成众多的专利族,专利文献中只要有一份是英文的,就会被归入同一个专利族。假设一个专利族代表一项发明,由于专利文件只在专利申请后的 18 个月才被发布,因此该数据库每年只更新两次。对欧洲专利局以外来源的专利数据进行清理和处理,需要花费更多的时间,并且过去 3 年 PATSTAT 数据库的数据已经出现了明显的滞后。这种滞后的情况是需要被关注的,尤其是在开展地平线扫描活动时,因为最近几年的数据通常也是最有趣的。

3) CORDIS 数据集

通过欧盟开放数据平台可以访问 CORDIS 数据集，该数据集的一大特点是其中包含一个欧盟已批准项目数据的子数据集，这些项目已经或者未来将会从各类欧盟研发框架计划中获得资金支持，从最初的 1998—2002 年实行的欧盟第五研发框架计划 FP5 起，到后来的欧盟第六研发框架计划 FP6（2002—2006 年）、第七研发框架计划 FP7（2007—2013 年）、地平线 2020 计划 FP8（2014—2020 年），以及地平线欧洲计划 FP9（2021—2027 年）。这个子数据集内的每个项目，都包含项目目标、项目主体、参与国家、参考文献、开始日期、名称和实施计划等信息，而这些信息都能用于文本挖掘分析。

除了扫描数据来源，还需确定开展扫描任务的路径，现有探索性扫描和以问题为中心的扫描两种不同的路径。二者不是互相排斥、非此即彼的，而是可以组合使用。

1）探索性扫描（Exploratory Scanning）

探索性扫描通过在大范围内寻找"弱信号"来识别新问题，大范围包括各种数据源，无须为分析师提供预定义的框架或关注的重点主题。通过检索、评估关键词和对文献计量数据进行过滤，不断缩小数据范围，直到可以探测到弱信号。

2）以问题为中心的扫描（Issue–Centred Scanning）

以问题为中心的扫描（主题扫描）范围聚焦某一特定主题或领域（如特定的政策领域），通过搜集和扫描该领域的核心文献寻求弱信号，并以各文献对未来的叙述为基础，创建一个事件框架。

图 3–1 说明了为完成一项预见过程，可组合使用以上两种方法。开始时采用探索性扫描，生成一个假设，然后使用以问题为中心的扫描评估这个假设。

图 3–1　预见活动过程中集成的地平线扫描的步骤（见蓝色阴影）

图3-2是基于电子网络信息的地平线扫描通用过程。该过程强调地平线扫描的迭代性,检索或接收文档的过程,即信息检索,以及信息的提取、分类、分析和聚类归档是不断重复的。随后,以通讯或报告的形式定期输出。

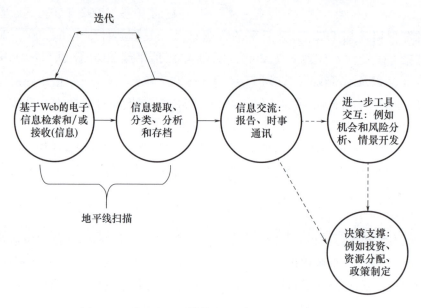

图3-2 基于电子网络信息的地平线扫描通用方法

输出可以直接提供给决策者,或者在此之前与其他工具进行交互。这些工具可能包括更详细的风险分析形式和情景开发。随着自动化方法日益增多,地平线扫描的使用范围也有所扩大,如将其嵌入战略构建系统/技术预见系统中,并将地平线扫描获得的洞见转化为可操作的建议,为决策制定过程提供知识基础。

### 3.1.3 基于人际网络的德尔菲式地平线扫描的一般性方法

基于人际网络的德尔菲式地平线扫描过程通常分为以下几步:确定范围,收集输入,编目和聚类,分析和优先排序,使用输出,评估流程。

#### 3.1.3.1 确定范围

扫描前需制定明确的范围和指导方针,一个全面的范围界定通常关注以下问题。
①指导性问题是什么?
②目标领域有多宽/窄?

③该领域变革和活跃的主要驱动因素是什么？通常围绕"STEEP"框架（社会、技术、经济、环境、政治因素）来思考。

④空间范围是什么？例如，更关注具有全球影响力的问题，还是更本地化的问题？

⑤扫描应该预测到多远的未来？

⑥谁参与扫描？

⑦谁是潜在的最终用户？

其中，许多考虑因素将受到可用资源和最终用户需求的限制，可借助利益相关者分析、领域映射和问题树等工具深化分析。另外，也可通过初步扫描界定范围，以便更好地了解领域和扫描任务。

地平线扫描在很大程度上依赖于人而不是电脑来进行扫描，研讨过程可能带入参与者的偏见。因此，构建结构化程序（图3-3）来获得参与者判断将有助于减少偏见[68]，同时，为了博采众长，捕捉广泛观点，组织认知多样化的群体参与其中是至关重要的，它能最大限度地发挥群体智慧和客观性[69]。认知多样代表"人群"多样，但在实践中组织跨专业、跨人种、跨地域群体将面临诸多挑战，因而可以在网上公开征集问题，并通过相关网站和电子邮件列表进行广告宣传，或者在社交媒体上征集想法来实现。

### 3.1.3.2 收集输入

地平线扫描的输入收集方法分为两种：一是人工手动收集；二是计算机辅助收集，最后由人分析。

1）手动收集

通过桌面搜索、参加会议和咨询人际网络中的其他人员来监测当前的研究和相关趋势，如技术趋势、疾病趋势或人口趋势等。手动扫描新闻文章、社交媒体、出版物、灰色文献和相关组织机构（如模型和预测）等信息源。这是德尔菲式方法的第一步，随后以结构化的方法分析和优先考虑候选问题，期间会组织一次或多次专家研讨会（图3-3）。

其中，一个引导者为其他扫描人员提供指导方针来引导他们搜索，包括在哪里寻找信息。手动收集的优点是可以访问网上可能不存在的内容，如灰色文献或未发表的研究，或者由于缺乏数据库、已知关键字但无法在线搜索难以定位的内容。手动收集的缺点是该过程是劳动密集型的工作，而且可能会受到搜索者的偏见影响，因为它们缺乏系统性。

# 地平线扫描在科技领域的发展应用

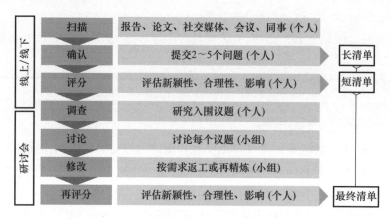

图 3-3 结构化的德尔菲式地平线扫描[70]

德尔菲式地平线扫描通常应用于保护类项目。现在有几种变体,关键特征是迭代性:议题被提交、评分、讨论和再次评分,以及提交和评分过程的匿名性。以下是德尔菲式地平线扫描的举例简述,细节详见后面3.2节的案例。

一个生态多样性保护类项目小组邀请了来自世界各地的约25名专家参与地平线扫描进程。首先,参与者独立地浏览各种来源的材料,包括论文、报告、网站、会议,寻找相对新颖的议题(威胁或机会)。随后,每位参与者通过电子邮件匿名提交他们选出的 2~5 个议题的简短摘要,这些议题需结合新颖性、可行性和对全球保护的潜在未来影响。引导员编制议题摘要并将其分发给小组成员,根据议题是否适合地平线扫描,匿名对每个议题进行评分,得分最高的议题入围下一阶段,且入围数量是正式输入的两倍。然后,再次分发给参与者,每个参与者被分配大约 5 个议题(不是他们自己此前提交的)做进一步调查,收集进一步的证据来支持或反对议题的适用性。该过程中,每个议题都将由至少 2~3 个人进行交叉审查。这些议题通常被分配给相应领域的非专家人士,以此减少他们对议题的先入为主的偏见。接着,整个小组召开研讨会,系统地讨论每个入围的议题,包括输出新观点,以及研讨这些议题是真正新颖的还是对旧问题的重新包装。研讨结束后,参与者分别对议题进行第二次评分。得分最高的 15 个议题每年发表在《生态与进化趋势》上[71]。

2)计算机辅助收集

计算机辅助收集是一个自动化过程,用于收集大规模输入,这些输入通常来自互联网。目前,在农业和生物安全等领域使用了此类工具,以便及早发现疾病暴发。

互联网上的信息可以通过多种方式检索,第一种是关键字搜索,在整个网络搜索引擎和/或特定网站定位内容,例如,Twitter可使用搜索词、句柄和标签进行搜索。第二种是简易信息聚合订阅(RSS订阅),线上的研究、新闻和时事可从特定的新闻/科学网站,通过电子邮件订阅社交媒体、博客来访问。第三种是网页抓取(Web Scraping)和网络爬虫(Web Crawling),以此访问和存储特定网页/链接。

计算机辅助收集的优点是扫描过程快速、系统和全面,后续可利用机器学习算法等自动化方式,对从网络、论文、专利、报告和其他出版物中抓取的大量文本进行挖掘和过滤,寻找潜在的相关性。缺点是信息庞杂,在发布或合并信息之前通常依赖人工审查和筛选,这对于扫描领域广泛的主题来说繁重且耗时。另外,随着线上虚假信息的增加,网络搜索需要严格把控质量和审查来源。

依赖在线内容进行地平线扫描还有三个值得注意的挑战:一是报道具有延迟性,当收集到的材料发布在网上时说明事件已然发生,比如物种入侵之后才会有相应的报道;二是信息具有隐蔽性,并不是所有内容都可公开获取,有用的信息可能需要付费,或者存储在内部网站,如灰色文献,或者因为商业、政治或个人敏感性而受到保护;三是方法具有知识限定性,获取在线内容的方法主要依赖于正确的关键字,因此需要扫描人员对领域知识有一定程度的了解。

### 3.1.3.3 编目和聚类

这部分内容主要包括制定框架和聚类,前者是聚类的依据,有严格执行框架的聚类是后续扫描可信度的保障。

1)制定内容组织框架/准则

新兴议题的数据与可信的决策之间缺乏联系对各国构成政府挑战,随着对时间和资源的需求增加,这种情况只会越来越严重。图3-4来自于英国环境、食品和农村事务部(Defra)领导的政府间未来合作伙伴关系的一项为期三年的结构化地平线扫描计划,它纳入扫描所需的响应水平和证据强度。研究人员整合地平线扫描和风险优先排序,利用证据的定性权重框架,创建了一个系统的过程,用于识别所有潜在的未来变化信号,这些信号对政策参与者的战略使命和潜在价值观产生重大影响。该方法鼓励扫描人员探索组织无法控制的因素,认识到弹性取决于管理策略的灵活性和应对各种意外结果的准备。

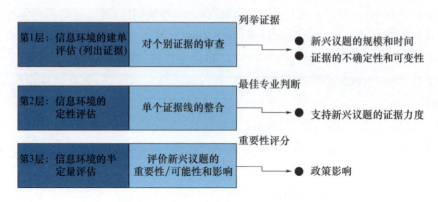

图 3-4　地平线扫描证据评价的权重框架[72]

2）聚类

在上述组织框架下根据相关性、可信度、来源类型等，在收集输入的同时标记和编目这些手动或自动扫描到的内容并聚类。这些聚类可在后续阶段进一步重组和审查。并且，在此过程中可生成新的搜索词来指导进一步扫描，或者对现有搜索词进行细化。网络分析等聚类方法对于捕获跨领域交叉问题和支撑决策的优先事项是有用的。

### 3.1.3.4　分析和优先排序

此阶段旨在选定最适合项目目标的议题或问题，优先级的确定决定了输出质量[73]。这是重申目标的好时机，在此之前需明确以下几点。

(1) 待扫描的问题是小众的还是大家熟知的？

(2) 待扫描的问题是具象的还是泛泛的？

(3) 待扫描的问题更关注近期可能发生的大概率事件还是远期的小概率事件？

(4) 扫描产出需要对政策制定者有用吗？

实践经验中，参与者倾向于优先排序或选择众所周知的重要问题。为了避免这种情况，一是需要强有力的领导者来引领决策，二是询问每位参与者是否听说过某个问题，从而在候选名单中排除知名话题。

1）德尔菲式扫描

在德尔菲式地平线扫描中，优先级通过迭代评分或投票过程来确定。目标是将潜在的地平线扫描议题/想法减少到更小的子集，最终清单所涵盖的议题数量占最初清单的 10%~30%。

2)计算机辅助式扫描

(1)基于相关性的优先排序。通过关键字搜索返回的内容,由专业小组根据与扫描目标的相关性进行优先排序,不相关的议题被丢弃或移到低优先级。

(2)基于风险的优先排序。除了以"相关性"做参考,第二种形式的排序基于"风险判断",对可能性和后果进行正式的风险分析,涉及标记"特别值得注意"的议题[74]。因为收集到的更多证据表明某个问题正在成为威胁或有行动机会,即信号变强了,也可能因为潜在后果非常严重,即使证据有限或可能性很低("wild cards",突奇意外),也需要立即关注该问题。

这种排序方式适用于比较定义相似的议题,如比较一种入侵物种与另一种入侵物种对生态环境的影响。如果候选集中的某些议题比其他议题的颗粒度更粗,其排序可能更具挑战性,例如,"海洋变暖"与"某些蛇中出现特定真菌疾病"进行优先排序比较。尽管如此,基于风险的优先排序至少为比较和预测问题提供了一个框架[122],并将每个议题的证据强度纳入综合考虑[123]。

### 3.1.3.5 使用输出

上一步描述了地平线扫描的优先级划分,优先级的判断相对主观,最终得到缩小的候选问题集。在"使用输出"步骤中,需根据客观标准,如在给定时间范围内发生的可能性,来判断问题的"重要性",此时的"优先级"应与实际需采取的行动相结合,这可以通过政府或相关组织的决策者来明确[75],定期召集政府和从业者共同研讨、评估此前确定的地平线扫描议题对组织的重要性,并帮助政府及时向政策制定者提供信息。或者,用户可全程参与地平线扫描过程,鼓励跨组织知识共享和合作制定政策。总的来说,检测信号和潜在的议题只是开始,更重要的是进一步理解和运用这些信息。

扫描输出的使用可分为两种形式。

(1)扫描输出的"内用"。

一种用途是结合地平线扫描、情报分析(为扫描输出提供上下文)和事件可能性预测,将扫描输出转化为决策。此时,地平线扫描可嵌入到工作流中,其中一部分通过自动化手段将上下文、叙述和结构汇编成重要议题的相关报告。

(2)扫描输出的"外化"。

另一种用途是根据相关扫描议题,指导制定相应的技术/领域路线图。例如,根据可行性评估和差距分析制定的"南极科学扫描和路线图"[76],后作为

"国家南极计划"的目标依据,用于判断过去投资的有效性和相关性,以及指导其他国家计划的投资。

### 3.1.3.6 评估流程

评估地平线扫描是否成功是具有挑战性的,Sutherland 等[77]在 2019 年评估了 2009 年的首次年度全球生态保护地平线扫描,回溯了当初扫描出的问题在过去十年是如何发展的。他们结合了三种方法进行评估:一是对每个主题进行一次小型审查;二是研究科学文献和新闻媒体中提到的相关主题的文章数量轨迹;三是使用德尔菲式评分过程评估每个主题的重要性变化。结果表明,在 15 个主题中,5 个主题的发展和影响是日益突出的,如微塑料污染、合成肉类和移动传感技术的环境应用等,6 个主题的发展适度,3 个主题尚未出现,1 个主题的影响最低。也许最令人惊讶的结果是,许多人没有听说过现在的主流问题:微塑料占 77%,合成肉占 54%,移动传感技术占 31%。而数十年前,用手机收集环境数据的想法是最前沿的。

## 3.1.4 基于电子网络信息的地平线扫描一般性方法

表 3-1 展示了一种详细的基于电子网络信息源的技术创新地平线扫描过程,它被设计为漏斗型,是基于了欧盟委员会联合研究中心的创新监测工具(TIM)。由于从数据集中检索到的第一批关键词不一定能详尽的识别弱信号,因此这些关键词被过滤、聚类并用作定义新数据集的输入。然后对每个子数据集重复关键词检索过程,以深入研究文献计量数据,最终检测相关信号。

在最后一步中,创建每个信号的数据集,以进一步对信号进行语境化,并更好地了解弱信号,实现对与弱信号相关的因素有更深入的理解。对于机构分布和利益相关者方面,可创建说明性网络图,以便清楚地展示数据集内的网络化联系。在每个集群中,具有特定专业知识的专家可以极大地促进对这些定量结果的定性解释和语境化。总体而言,如果专家以正确的方式使用该工具及其成果,则可以为开发项目、管理决策和政策提供指导。

表 3-1 地平线扫描过程设计

| 选择一个主题 | |
|---|---|
| 定义搜索字符串 | 设置框架 |
| 在 TIM 中创建一个数据集 | |
| 验证数据集 | |

续表

| | |
|---|---|
| 分析组织、国家、伙伴关系 | 第一级 |
| 检索最常用的关键词(文献作者提供的关键词、自动检索关键词、排名前300的关键词) | 第一级 |
| 过滤关键词并创建聚类 | 第一级 |
| 分析每个聚类的时间轮廓特征 | |
| 来自TIM聚类和子数据集的新搜索字符串 | 第二级 |
| 再次检索相关性最强的关键词,寻找单一信号 | 第二级 |
| 分析时间轮廓特征的单一信号 | |
| 根据单一信号创建数据集 | 第三级 |
| 检索关键词并加以解释 | 第三级 |

#### 3.1.4.1 选定主题

该过程有必要让专家参与,首先要精确定义搜索的范围,特别是对多方面的复杂主题的搜索,从很少研究的已知主题开始分析,以突出具有高潜力的子主题,并确定从事与这些主题相关的研究活动的机构,以显示潜在的创新者可能位于何处。其次,相应地评估结果,以使地平线扫描的结果有价值。

#### 3.1.4.2 构建搜索字符串

要创建一个满足用户需求的数据集,最关键也是最耗时的步骤是确定搜索使用的字符串。搜索字符串的构成决定了能检索到哪些文档,从而最终决定能获得哪些结果。

这些字符串由4个不同搜索块组成:一个搜索块是关于主题本身;一个搜索块是关于地平线扫描(描述创新、新颖性、即将到来的趋势等方面的搜索词);一个搜索块确定地理范围;一个搜索块是限定时间段(整个数据集覆盖的时间范围)。这些搜索块通过逻辑运算符组合形成字符串(关于农业领域的最终确定的搜索字符串参见下例):

Search String in TIM: ti_abs_key:(("food security" OR "food insecurity" OR "cropland" OR "agricultural practices" OR "agriculture" OR "small scale food producer" OR "small scale farmer" OR "sustainable agriculture" OR "soil fertility" OR "soil permeability" OR "soil sealing" OR "soil quality" OR "access to land" OR "land ownership" OR "land conflict" OR "tenure right" OR "family farming" OR "agricultural productivity" OR "organic agriculture" OR "organic farming" OR "food production" OR "food accessibility and equity" OR "food and feed" OR livestock OR nutrition OR hunger OR "urban farming" OR "crop pest" OR "crop disease" OR "yield production" OR (yield AND "weather patterns ") OR ("fair benefits" AND "food chain") OR "climate smart farming" OR "sustainable intensification" OR " alternative agricultural production methods ") AND ( future OR emerging OR innovative OR disruptive OR visionary OR exploratory OR unexpected OR novel OR novelty OR innovation OR disruption OR " cutting edge" OR " latest development" OR "new technologies" OR "earth observation" OR "remote sensing" OR GIS OR geospatial OR geointelligence OR "cross - cutting" OR vision OR trends OR trajectory OR change OR projections OR foresight OR " systemic innovation" OR " innovation ecosystems" OR "cross - sectorial innovation" OR "eco - innovation" OR "societal challenges" OR "trans - disciplinary" OR "digital revolution" OR"open data") AND ("africa" OR " african countries" OR "north african" OR "east african" OR " west african" OR "sub saharan" OR "central african" OR "African Union" OR REC OR RECs OR " Regional Economic Communities")) AND emm_year:[2014 TO 2019]

尽管这个步骤似乎是地平线扫描过程中微不足道的一步,但它却是后续影响最大同时做起来也很有难度的一步,是地平线扫描活动中最重要的一个部分,因为搜索字符串的构成决定了能检索到哪些文档,从而最终决定哪些内容会被扫描,能获得哪些结果,哪些出版物记录会进入数据集。

唯一能确保预期结果的搜索块是定义时间范围的搜索块。不过相比之下,其他几个搜索块要找到既与特定主题、地理位置有关,又与地平线扫描本身相关的所有关键词,就复杂得多。并且这种情况下,由于"地平线扫描者"的个人观点、看法和知识水平产生的偏见也被引入其中。有一点需要始终牢记,尤其是在开展地平线扫描活动时,秉持理想主义的信念努力寻找"未知的未知"(unknown unknowns)。在对地平线扫描过程中任一步骤的中间结果或最终结果进行解释时,必须考虑到地平线扫描开始时就已引入的这种偏差。即使随后进行数据集有效性的检查,也只是验证数据集是否搜索到了预期的记录,不能确定数据集内的数据是否包含了所有相关记录。解决办法是找到补充关键词的途径,如根据整个语料库的术语频率计算文档中的词频。

### 3.1.4.3 创建数据集

根据条件搜索字符串得到的结果创建一个数据集,这一步最关键的是要达到统计意义上要求的记录数量(至少几千条记录),这样才能确保后续使用的文本挖掘技术能产生可靠的统计结果。数据集创建完成后,会通过标题对数据集内的文档进行筛选,以验证搜索字符串是否指向了所需文档。需要根据条件搜索规则检查所得数据的合规性,一旦发现不合规就要进行调整。

### 3.1.4.4 关键词提取

对数据集提取关键词分为两部分。首先,根据文献中作者提供的关键词数量排序,数量排在前面的构成一部分关键词表;其次,利用算法(如 TF – IDF)等文本挖掘技术获取文本中的关键词,排序靠前的构成另一部分关键词表。随后对表格内容进行筛选、过滤,寻找可能有用的信号。关键词的筛选和评估不能完全依靠工具自动化地完成,还需要专家的监督。在专家进行定性评估后,保留下来的关键词将按主题聚类,以期更好地构建输出结果,更好地了解子主题。

### 3.1.4.5 构建新字符串和子数据集

利用关键词构建新字符串,并在信息源中重新检索,创建新的子数据集。然后,在子数据集重复关键词提取的步骤,筛选、过滤以及再一次地评估。此时,关键词可能已经含有某些潜在的有趣的信号,这样就更靠近地平线扫描的目标——探测弱信号。

### 3.1.4.6 检测弱信号并重复

再次使用上述所谓的弱信号创建新的子数据集并重复整个操作流程。这种方法可以被阐释为一个适用于更广泛主题的漏斗,通过检索、评估关键词,对文献计量数据进行过滤,不断缩小数据范围,直到可以探测到弱信号。在创建子数据集之后,由于数据范围已非常具体,可能无法保证拥有上述提及的那么显著的文档数量,因此,有关出版物的记录数可能相对较少。不过,只在地平线扫描初始阶段才需要这么多统计上数量显著的记录,因为初始阶段派生的关键词将为后续步骤提供输入。

### 3.1.4.7 数据解析

对那些具有文献计量意义的数据进行大量分析。文本挖掘技术能根据数据来源（文章、会议论文集、节选的书籍章节、综述论文、专利、欧盟项目等）或感兴趣的主题，以及它们与其他主题相比随时间推移显现的趋势，通过检索获得各数据项出现的相对频率和重要性，识别出数据集内某个主题或子主题出现的情况。

对于机构分布和利益相关者，创建网络图表能够清楚地展示数据集内出版物记录基于作者单位反映出的国家或机构之间的联系。根据作者的隶属关系，可以得到机构级别和国家级别（甚至根据地域统计单位命名法（NUTS）对应的地区级）两个层面的网络视图。在组织机构层面，实体机构可以按大学、公司、医院、研究中心、基金会等不同分类进行过滤。网络图可以直观地概述哪些组织正推动特定主题的研究与创新，以及这些组织是如何相互关联形成合作伙伴关系的。

地平线扫描应该是一个集体的意义构建过程，它融合了大量人的专业知识，而不仅仅是个人意见。虽然工具和方法可以帮助掌握不断增加的数据量，并有助于进一步对特定的分析步骤进行自动化，但结果仍然需要专家来评估和处理，他们能够微调和调整基础程序中的正确"螺钉"。

### 3.1.4.8 创新活度

开展地平线扫描的另一个目标是评估特定主题的创新活跃度情况。为此，通过一个简单的比率制定了一个指标，即用包含"创新/新颖性"搜索块的出版物记录数除以未使用该搜索块的出版物记录数。这种直接相除的方法可以用于各主题间的比较。

这个指标的适用性和可靠性需要在不同情境下测试；还要评估它在获取和比较跨主题、跨时间段的创新活度方面的能力，以便从整体上增强其实用性和监测未来进展的能力。

### 3.1.4.9 结果交流和定性跟进

在该过程中，所有参与者之间的学习是一个重要的成果，可以通过交换科学事实和数据证据、专业知识和传统知识来建立交流。决策者和其他利益相关方在对话的过程中会以他们各自理解的方式，对地平线扫描的结果进行恰当的沟通交流和传播。

## 3.2 部分具体领域的方法介绍

### 3.2.1 生态保护地平线扫描典型方法

英国剑桥大学的 Sutherland 等[78]于 2008 年首先将德尔菲式的地平线扫描应用于生态保护领域。此次扫描的目的是确定 2050 年前英国生物多样性保护可能面临的威胁或机遇。研究人员利用英国政府和非政府组织,以及系列学者、记者的专业知识来确定议题清单和优先顺序。

在本次扫描中,有 12 名学者,23 个政府机构、慈善组织或企业代表参加,以及 1 位科技记者提供关于未来科技发展的见解,并邀请了 1 位英国政府地平线扫描中心的成员提供指导意见。决策者和学者在讨论和确定问题的优先级时扮演着平等的角色。这次活动还采用了更正式的评分和优先级确定过程。

课题组在作者名单中提供了参与组织机构的详细信息。每个参与者都可在本组织以及组织之外咨询,以产生相关问题议题,扫描过程中至少有 452 人被咨询过。课题组还搜索了之前与生物多样性相关的地平线扫描活动,包括:英国政府科学办公室预见计划和地平线扫描中心的 Delta 和 Sigma 扫描,国际野生生物保护学会未来团队的"野生未来"项目(2007 年),环境机构内部的地平线扫描互动数据库、英国环境、食品和农村事务部的自然资源保护趋势研究,环境研究资助者论坛报告文件(2007 年)、英国生物多样性研究咨询小组关于研究需求的认定以及关于海洋生态系统未来情景的报告。这次扫描在两个方面都具有创新意义:一方面,它只关注与生物多样性相关的问题;另一方面,在选择问题时,同时具备参与度广泛和流程严格的特点。

确定范围。纳入扫描的问题或主题必须界定在三个范围:一是在 2050 年之前对政策制定者至关重要的;二是可能对生物多样性产生潜在影响的;三是与英国强相关的,包括专属经济区的水域,但不包括海外领土。尽管影响可能是发生在该区域以外的变化结果,但扫描的目的是确定新问题,而并非当前问题的简单延续。在实践中,几乎所有建议的问题都在某个地方以某种程度正在发生,但扫描的关注点应是评估在对英国的潜在影响中可能发生的步骤变化的程度。

收集输入。一份简要描述问题的文档在与会者之间反复传阅,征求补充意见和建议。在这个阶段,所有评论都保留在 195 个问题清单内 39792 字的文档中。这些问题最初被分成 12 个部分,如人与生物多样性的密切关系或能源供应与需求,由协调员负责整理与会者的各种建议和意见。

排序与评分。在会议之前,参与者对他们擅长的问题或对所有问题进行评分,1~9 分制,按四类评分依据进行:发生的可能性、影响、新颖性,以及该问题是否应该被列入最后 25 个最重要的问题之一。参与者独立于其他参与者完成这项工作,但评分通常是与同一组织的其他专家合作完成的。在为期两天的研讨会之前,将平均分数分发给所有参与者。第一天包括四组三个平行的研讨会,涵盖 12 个主题领域,由各自的协调员主持。对每个议题进行讨论,决定是否应列入候选名单,然后对列入候选名单的问题按重要性排序。在这个过程中,大多数问题都被修改了,有些问题是通过合并其他问题而创建的,最终列出了 41 个问题。在第二天,每个问题由协调员进行描述,由整个研讨会讨论,然后由所有参与者给出一个单一的分数(1~9 分)。按平均得分对问题进行排序,在最后一次会议上商定出 25 个问题的最终清单。

分析和输出。三个平行小组根据所有参与者的初始评分和随后的讨论,评估发生的可能性和可能的影响是"低""中",还是"高"。对威胁、机会和研究重点进行商定并制成表格。最后,为 25 个入围主题编写摘要。

### 3.2.2　卫生健康技术趋势的地平线扫描典型方法

2022 年,世界卫生组织对与全球公共卫生有关的新兴技术和趋势进行地平线扫描,确定了未来 20 年可能对全球健康产生重大影响的 15 项新的和正在出现的科技成果。

在世界卫生组织的地平线扫描中,受访者以匿名方式提出了他们认为将影响全球卫生的未来以及与世卫组织有关的议题。这些议题被匿名打分、排序,并根据影响、合理性和新颖性的标准进行讨论。对候选清单进行了为期 2 周的辩论,然后进行了匿名重新评分和细化,以制定优先级列表。这种"审查 – 讨论 – 评估 – 汇总"(IDEA)的方法[79]基于专家智慧,邀请 29 名提出议题并参与评分的专家,其中 16 人参加了进一步磋商,扫描过程步骤见图 3 – 5。

世界卫生组织的地平线扫描总共分为三个阶段。

第一阶段:研究团队按照 IDEA 方法和成功应用的实践指南[80],确定一个按学科、地理分布和性别平衡的多样化专家小组。要确保参与者符合这些标准,因为学科、年龄、文化背景和性别代表着不同人群及不同观点,这保证了议题的广泛性,能有效提高审议质量。

# 第 3 章　地平线扫描主要方法步骤

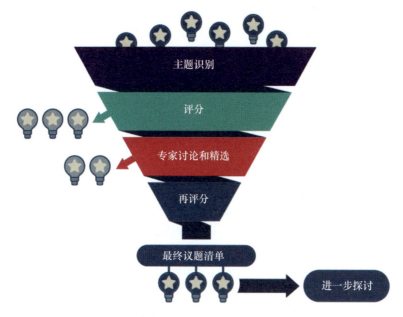

图 3-5　结构化的专家启发地平线扫描过程

研究人员首先接触组织者认识的人,然后采用"滚雪球"的办法,让这些拥有广泛人脉的不同人推荐其他相关专家,并通过文献确定了进一步的候选专家。文献抽样、"滚雪球"法和根据明确标准筛选相结合,确保了参与专家的多样性。大多数参与专家都有自然科学背景,其中 6 人有社会科学背景。世卫组织所有 6 个区域办事处都派代表参加了与会者小组,其确定了最初的一长串议题清单。在已确定的专家中,邀请了各领域的 33 名专家参加,29 名专家确认参加。与会者被要求确定"将影响全球卫生未来"的议题,并将根据这些议题的合理性、影响和新颖性对其进行评估。与会专家将获得 Meta 和世卫组织全球卫生研发观察站等评论平台的指南、一份用于练习良好判断力的简短的预见培训文件、一份包括以前扫描的背景阅读清单和一份建议提交模板,确保参与者能够接触到最新的预见性工作和结果,获得正确的判断。29 位专家提出了 68 个议题,这些议题被合并成一个 58 个议题的长列表,其中 6 个是由 16 个重叠的建议合并而成的。

第二阶段:评分和细化。给与会者一长串已确定的主题列表,并要求为每个议题打分,范围是 1~100 分,以反映其影响力和合理性。与会者还被要求对每个议题发表评论,并表明他们是否已经听说过这个议题。对分数进行处理,保留前 27 个(大约一半)议题。这份带有针对每个议题的评论、新颖性得分和排名的决选清单分发给参与者。

第三阶段:审议和汇总。会议之前,每个参与者被要求探索候选名单上的至少两个议题,而且不是他们提出的议题。每个议题都由至少两个研究人员和一个提议者做过背景研究。审议阶段,研究团队采用在线论坛会议形式,避免参与者被面对面的交流动态所左右,消除权威专家可能的偏见。在线论坛持续两周,期间与会者批判性地讨论了这些议题及其优点。最后专家对入围议题清单进行打分,给出最终排序。清单再次数量减半。与会者一致同意将清单限制在 15 个议题,以确保重点和对每个议题的适当分析。

最终,世界卫生组织的地平线扫描确定出科学和技术的变化、实践的变化,以及社会和全球趋势等三大主题的发展趋势,包括机器学习发现抗生素、疾病筛查应用程序、联合生物库、解决虚假信息和错误信息、基因工程噬菌体疗法、数字健康与监测等 15 个新兴趋势和技术,如表 3-2 所列。

表 3-2 按可能实现时间排序的全球卫生优先事项

| 时间表 | 议题 |
| --- | --- |
| <5 年 | 大流行的准备和预防<br>疫苗分配<br>机器学习发现抗生素<br>疾病筛查应用程序<br>联合生物库<br>解决错误信息和虚假信息<br>使用真实世界的证据 |
| 5~10 年 | 基于生物传感器的即时诊断方法<br>人工智能辅助临床推理支持系统<br>困境中的药物开发<br>基因工程噬菌体疗法<br>数字健康和监测 |
| ≥10 年 | 远程医疗<br>微生物组疗法<br>移民健康 |

### 3.2.3 国土安全领域的技术搜索与地平线扫描步骤

美国国土安全部科学技术局为满足国土安全领域的需求,就可行的技术、产品和服务提供公正的分析和建议,提高国土安全能力,开展技术搜索与地平线扫描活动。技术搜索与地平线扫描活动通过筛选全球技术和市场环境数据,研究和评估具体的技术前景。技术搜索与地平线扫描活动的目标是为项目经理提供项目规划和执行的知识，鼓励他们利用现有的和发展中的技术和市场。

技术搜索与地平线扫描活动主要有 5 个关键步骤，在第 2 章相关小节中已简要提及，在此做进一步介绍。

收集输入。这是发起的步骤。科学技术局任何雇员都可以就任何主题咨询技术搜索团队，发起技术搜索项目需求。在技术搜索团队引导下，发起者针对每个主题开出一个 5W 文件（Who、What、Where、Why、When），为项目主题提供背景。

审查和讨论。这是启动的步骤。技术搜索团队与发起者在启动会议上审查和讨论 5W 及其主题。根据启动会议的结果，团队制定了一个技术搜索计划，以指导全面搜索相关和适用的信息、研究、技术、联系人和服务。

持续收集输入并分析。这是搜索和分析的步骤。在发起者的时间表内，团队使用各种工具、数据库和其他机制进行搜索。通常，团队在识别信息后将其提交给发起需求者。技术搜索人员拥有绘制专利地图、寻找联邦实验室技术、分析风险投资公司，以及在相关市场中寻找满足发起者需求的技术所需的工具。发起者和技术搜索团队使用搜索结果，分析收集的数据，优化搜索过程，发现可用的和理想的信息、技术和解决方案。

总结和结束。这是总结的步骤。技术搜索团队撰写一个调查结果报告，整合、组织和总结团队收集的所有信息，然后在一次正式的"收尾"会议上，向项目经理提交这份报告，以及在此过程中引用的文章、网站、学术论文和收集的所有其他文件。地平线扫描则贯穿过程，保持对技术领域的持续感知，向项目经理通报有影响的突破或替代方案。

### 3.2.4 美国医疗保健研究与质量局的地平线扫描流程

医疗保健领域的地平线扫描可为医疗管理机构的各种战略规划活动提供信息支撑。美国医疗保健研究与质量局针对新兴医疗保健技术和创新开展地平线扫描活动，相关情况已在第 2 章相关小节进行介绍。本小节重点介绍流程和步骤。

该地平线扫描包括两个过程阶段：一是识别和监视新的不断发展的卫生保健干预措施，二是分析这些新的不断发展的干预措施存在的相关卫生保健背景和潜在影响。整个地平线扫描过程主要涉及以下流程。

确定范围。项目感兴趣的卫生保健技术是那些尚未扩散到已建立的卫生保健实践中或成为其一部分的技术和创新。这些新兴技术仍处于开发或采用的早期阶段，范围包括药物和生物制剂、医疗器械、筛查和诊断测试、医疗服务，以及护理干预等方面的创新技术。

收集输入(每日)。负责收集信息的搜索人员每日进行广泛扫描,为地平线扫描分析人员选择线索,以考虑潜在的主题。

线索审查和主题识别(每周)。分析人员审查指定优先领域的线索,以收集似乎符合纳入标准的主题的基本信息。

主题提名会议(每月)。在主题提名会议上,分析人员向地平线扫描团队提出潜在主题,讨论并投票决定主题是否符合纳入标准,决定是否成为跟踪和深入开发的目标主题。

状态更新报告(每年五次)。地平线扫描团队审查所有活动的目标主题,以更新开发状态;准备状态更新报告;存档不再符合纳入标准的主题。

主题画像开发(持续进行)。数据员对具有中长期影响力的目标主题进行详细搜索,以使分析人员能够深入准备目标主题简介;跟踪暂时没有中长期影响的主题,直到这些数据有累积。

专家评论过程(持续进行)。地平线扫描分析师建议向哪些专家征求意见;医学编辑向专家发送深入的目标主题简介,获取关于高影响力主题的专业评论。

高影响力主题选择过程(每年两次)。分析人员阅读收到的针对目标主题简介的专家意见集,并在其指定的优先领域发出意见,为潜在的高影响力报告会议做准备;小组召开会议,讨论在过去12个月中收到的专家意见,确定专家认为有可能产生重大影响的主题,对不再符合标准的主题进行存档。

高影响力报告的编写(每年两次)。小组根据收到的专家意见,撰写对潜在高影响力主题进行分析干预的报告。

主题监视和更新过程(持续进行)。分析人员审查活动主题列表,以确定新的和更新的现有目标主题的优先次序,为下一轮专家评论做准备。

索引过程(持续进行)。医学索引分配系统将关于医疗卫生保健方面的关键词匹配到经深入分析的目标主题。

### 3.2.5 英国国家筛查委员会的地平线扫描方法

本书第2章已经介绍了英国国家筛查委员会的科技地平线扫描情况,本章节重点介绍其采用的方法步骤。当前,疾病筛查模式有三种:基于人群的系统筛查、机会性筛查和个体筛查。前两者为经典的流行病学筛查,后者为新兴的概念化筛查。英国国家筛查委员会现有的许多活动采用了地平线扫描的方法,其实践方法被认为是比较好的。

英国国家筛查委员会的地平线扫描活动主要由英国国家卫生研究院创新观测站承担。该机构认为,地平线扫描是一种展望未来的方法,其重点是未来而不是现在,目的是确定重要的战略问题,大多数情况下,这些战略问题与今天关注的议题不同。

该地平线扫描的实践步骤包括识别/检测、过滤、优先排序、评估、宣传、评价等六个阶段。

(1) 识别/检测。该步骤的目的是系统地识别和定义用于地平线扫描中的信号源,规定如何系统地搜索或浏览这些资源。这些信号源既有主动的也有被动的,包括科学/生物医学文献综述,专利,业界及业界协会提供的资料,媒体,国际机构、论坛、个人、委员会和专家组,调研,政府机构,会议和研讨会,灰色文献。

(2) 过滤。过滤是地平线扫描的分类阶段,确定从信息源检测到的信号是否相关。过滤有两个重要标准:成本和影响,成本关系着成本效用比率,影响是指对生活质量、疾病负担和患者安全的影响。过滤应集中在符合评估条件的信号上。研究人员认为2~15年内可用的技术最有用,少于2年不被归类为地平线扫描,而超过15年被归类为太遥远的未来。根据三地平线模型,地平线1主要涉及未来2年内的当前和近期,地平线2主要涉及中期,地平线3主要涉及长期。地平线扫描应主要识别中长期信号。

过滤标准主要是潜在影响、受影响人口的规模或全球相关性、新颖性、创新水平、证据、组织影响、合理性、利益相关者和媒体兴趣水平。过滤方法主要是分类标准、自动文本挖掘工具、个人和团体过滤、同行评审、专家参与。

(3) 优先排序。本步骤是对初始过滤的信号进行优先排序的步骤,有助于缩小评估范围。优先级标准可用于创建更具体的策略,用以进一步搜索或扫描与优先级相关的信号。与过滤一样,信号可用的时间范围是确定其优先级的重要考虑因素。

优先级标准包括对结果的潜在影响、受影响的人口规模和组成、影响的预期变化、可能的时间范围、有效性证据、与战略和政治优先事项的相关性、对其他相关政策的影响、值得展望的事物、事实依据、具备专业知识的要求、新颖性等等。

优先级评估方法包括定性法、定量或半定量法、评级和排序、优劣尺度法、风险分析、信号标准化、德尔菲法、公共咨询、专家咨询、混合法。

(4) 评估。评估阶段突出了最有可能融入组织目标或对结果和目标人群产生积极影响的信号。评估阶段还需要考虑实际情况,例如是否需要进一步研究和时间、是否需要专业训练、资源影响如何、利益相关者的合作和接受度是怎样的、道德层面是否合理、引入新信号是否会造成破坏,以及是否需要新的法规和指导方针。

(5)宣传。通过向公众和利益相关者传达如何进行地平线扫描及其扫描结果,确保系统的透明度。

(6)评价。涉及跟踪和评价地平线扫描的产出及其基础过程,产出可以从短期、中期和长期进行评价。

### 3.2.6 联合国粮食及农业组织的地平线扫描流程

本书第2章已经介绍了联合国粮食及农业组织的科技地平线扫描情况,本章节重点介绍其采用的流程步骤。

针对该领域的某一次地平线扫描活动而言,研究人员首先确定了本组织感兴趣的主题和长期出现的问题,例如人口和收入的变化、气候变化的影响和木材供应。将上述问题或者主题分为四类:与监测相关的重要/新出现的问题(动植物和食品健康、气候变化监测),与生产相关的重要或新出现的问题,与社会经济相关的新问题,与环境相关的新问题。同时,进一步确定了与上述新出现问题相关的近30个变革驱动因素,也可分为四类主题:市场相关驱动因素、生产相关驱动因素、环境相关驱动因素、社会学方面相关驱动因素。

扫描的数据来源既包括基于电子网络的资源,也包括咨询基于人员的资源。基于电子网络的数据来源有粮农统计数据库和FPMIS项目管理信息系统等粮农组织内部数据库、美国农业部等官方政府数据库、美国航天局等政府间数据库、VITO等非政府机构数据库和科学文献。基于人员的来源包括实地调研、专家小组、科学会议和研讨会的成果,也包括成员国的信息(来自政府的定期监测数据、基于特别项目的数据、学术界、私营部门和非政府组织)。

数据收集过程包括非结构化、半结构化数据和结构化数据的收集,收集频率从每日(疾病事件发生和跟踪数据)、每周(资助数据)、每月(市场趋势和流量数据)和每年(生产数据、消费数据、实验室数据、食品化学品发生数据)到5年(气候变化相关数据)不等。

### 3.2.7 欧洲议会技术预见活动中的地平线扫描方法

欧洲议会科学技术选择和评估专委会开展以地平线扫描为核心的技术扫描与预见,形成了一套系统方法,按照"选择主题-地平线扫描-社会影响的全景展示-探索性场景构建-立法回溯和推衍可能技术路线-预见结果输出"的流程,针对具有多学科特性的社会前沿热点问题进行预见研究。其采用的方法可操作性强,并在具体活动中不断完善。该机构关注新兴科学技术的长期影响,在充分考虑预期影响的基础上建立探索性方案,以应对未来可能的挑战和机遇,最后将这些挑战和机遇转化为当前政策建议。

(1)选择主题。主题的选择对于技术预见活动的有效开展十分重要。首先,该专委会选择用于开展技术扫描与预见研究的主题必须基于其优先领域,如节能运输和现代能源、自然资源的可持续管理、信息社会的潜力和挑战、生命科学中的健康和新技术、科学政策/传播与全球网络等领域。首先,这些优先领域具备战略性和多学科性;其次,主题的选择必须具备广泛的包容性,以代表欧洲议会成员平等意愿和更广泛的欧洲公众利益的方式来进行选择。基于此,技术扫描与预见所选择的主题主要集中在具有创新性且未开展过技术预见研究的、与社会密切相关的新兴科学技术问题,重点关注这些新兴科学技术在未来 20~50 年间的发展趋势及可能带来的社会影响。

选择主题的过程主要依靠专家发挥作用。首先,由各委员会和各独立的欧洲议会成员根据日常工作需要提出开展技术预见研究的主题。然后,由专家根据科学技术选择和评估专委会规则对这些提案进行筛选,筛选的主要标准有:主题与议会工作的相关性、主题涉及的科学技术价值的重要性、主题的战略重要性及其与先前确定的优先事项的一致性,以及涵盖同一主题的科学证据的可用性。专家组根据实际情况,在对收到的主题进行判断、评估、修改、合并后,选出适合开展技术预见研究的主题。

根据科学技术选择和评估专委会的优先领域和与社会发展密切相关的技术趋势,研究人员关注的技术扫描与预见主题方向有:健康的可穿戴技术、无人机/无人驾驶汽车、学习和教学技术的未来、3D 打印、脱离电网等。

(2)主题的全景扫描。地平线扫描针对给定主题进行现状分析。由专家组确定的拟开展技术扫描与预见研究的主题,由于其本身的复杂性和争议性,在没有专业背景的情况下很难被充分理解,因此需要技术专家或利益相关者参与到这些主题的技术视野全景扫描中。在此步骤中,采用 STEEPED 框架(社会-技术-经济-环境-政治/法律-伦理-人群)来实现 360°全方位视角扫描,从而确保以跨学科的观点来研究科学技术趋势的影响。

(3)搜索与查询。主题的全景扫描利用了大数据分析方法。首先,由技术专家对于选定的主题进行分析定义,识别每个主题内具有最高相关性的关键字/标签,通过专用的跟踪工具来完成主题的相关搜索查询。

(4)创建子集。把跟踪查询到的数据集(新闻/推特)进行趋势主题算法分析,将数据源和各种文本文档根据它们的相似性输出最常出现的相关短语,确定趋势主题子集。其中,来自新闻文章的数据根据关键字列表划分主题,推特数据的趋势主题分析根据大众情绪类别和利益相关者类别进行特定子集划分。

(5)关键词提取。接下来,对每个数据子集最频繁出现的短语或 $n-gram$(在原始文本标记化处理之后剩余的 $n$ 个单词的连续序列)进行分析,基于特定的规则进行短语提取。

(6)构建新子集。根据频率和相关性选择短语,再根据主题相似性将其聚类。

(7)数据解析。最后是交互式图表的可视化输出和提供上下文(推文、文本片段)的内容解析。

(8)结果交流与定性。通过召开专家构想研讨会议,以整体和包容的视角确定特定科技创新的可能影响。用于解决某个特定社会问题的技术一旦融入社会,往往会被用于不同于最初设计的目的,并产生与最初设想不同的影响。因此,本步骤的另一个目的是,挑战在第二步全景扫描中确定的关于未来的假设。在此阶段召开的专家构想会议,技术专家将与社会问题专家一起对地平线扫描的结果进行审查,根据 STEEPED 框架全面考查科学技术的现实情况,辩论可能的未来情形。人文和社会学家的参与,将确保对社会影响的研判能够考虑到所有社会行为者的利益,并包括那些不容易衡量的"软影响"(如影响健康、环境和安全等)。

(9)结果的使用。专家构想会议的结果是形成一个关于未来社会影响的全面概要,用于描述事件和趋势,了解这些事件和趋势如何影响未来的假设。接下来进行探索性情景构建和评估,目的是开发几种探索性场景方案,探索各种可能的未来,提供多个可能的替代假设。

场景是关于未来多样性的故事片段。这些场景将以"讲故事"的形式编写,描述沿 STEEPED 维度可能产生的影响。这些场景方案由技术预见团队与专业的情景构建开发人员合作完成。未来场景的构建可以通过多种不同的方法,如通过基于两个确定影响因素而展开的对未来的演绎推论或诱导归纳。理想情况下,3~4 个场景基本可以涵盖描述已确定影响的不同未来场景。一旦场景清晰,就可以对其进行探索和评估。探索和评估专家组也应由多学科专家和多利益相关者构成,目的是探索特定条件下设想的未来世界的各种可能场景,研究生活在这样一个世界中的感受,发现机遇和挑战。专家组的介入可为一系列已确定的场景提供一套机会和挑战的清单。

# 第 4 章

## 典型国防应用案例

## 4.1 美国国防部科技地平线扫描项目案例

美国防部自2011年着手实施"技术观察/地平线扫描"活动。2011年10月,美国国防部负责研究与工程的助理国防部长办公室下属的技术情报办公室(OTI)在阿灵顿为技术观察/地平线扫描概念框架项目(Technology Watch and Horizon Scanning (TW/HS) Conceptual Framework Project)举办了"行业日",介绍项目的目标及内容,鼓励加强项目合作。

### 4.1.1 项目背景和目的

美国国防部实施"技术观察/地平线扫描"的原动力是,技术情报信息数量逐年增大,而决策者对大量信息做出总结评判的时间越来越少。为此,负责研究与工程的助理国防部长需要一个自动化的过程及系统来总结和提炼精华信息,最终实现并维持未来的决策优势。

项目愿景包括开发一个概念框架,把负责研究与工程的助理国防部长每年委托制作和收到的技术预测分析产品、方法及见解进行整合。此概念框架项目将提供一个能产生技术预测和分析技术趋势的架构,更重要的是为未来实现半自动化奠定基础。

项目关注美国和其他国家的国防能力差距,以及如何使决策问题更具可行性,其要点包括(但不限于):①未来10~20年能增强国防能力的新兴科技领域是什么?这些科技领域的全球领导者是谁,相关研究如何分布?②哪些全球性科学发现在未来6个月正向5级技术成熟度(定义为实验室验证)转变?哪些国家使这些技术成熟?这些技术的哪些新应用在进行原型化开发?③哪些科学领域应包括在远期(大于10年)研究战略中?哪些科学领域将导致重要的新发现?在"未来五年国防计划"(FYDP)之外,什么领域将改变世界,带来革命性变革,而不仅是渐进式增量变化?④其他国家的研究可能获得突破的标志是什么?是研发资金来源和数量的改变,还是市场投资?……

从项目的广泛机构公告(BAA)中可知[81],其长期目标是自动化的预测能力,能够发现颠覆性科学与技术进展的萌芽,识别已知、未知或初见端倪的具有颠覆性潜力的国防科学与技术(图4-1)。

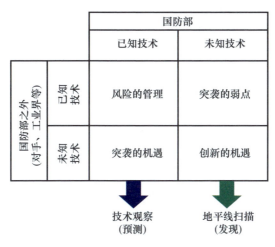

图 4-1 技术观察/地平线扫描作用简图

总的来讲,美国防部的技术观察/地平线扫描将实现三大主要目标[82]:一是识别未来 10~20 年将增强作战能力的新兴科学技术领域;二是评估应该纳入 10 年以上远期研究战略的科学领域;三是为理解将会导致重大新发现的科学技术提供背景。项目成果将使决策者能深入清晰理解美国和其他国家能力间的动态变化,以进行有效投资、风险评估与消减,以及实现技术决策优势。

### 4.1.2 项目实施概况

1) 实施机构

至少从 2011 年到 2016 年,美国国防部技术观察/地平线扫描工作由技术情报办公室(OTI)负责。OTI 隶属于美国国防部负责研究与工程的助理国防部长办公室,其职能是为美国国防部的研究与工程机构及其合作伙伴提供新兴和潜在颠覆性技术领域的相关信息,全面洞悉有关技术的国防应用潜力,从而增强美国的技术突袭能力,降低技术和能力被突袭的风险,并削弱对手的技术突袭能力。OTI 通过识别新兴和潜在的颠覆性科学与技术,推荐有效的研发策略,协调情报收集、分析和分发等工作来实现上述职能。OTI 主要开展技术观察/地平线扫描、技术评估、情报支持活动等三方面工作,其中,技术观察/地平线扫描是基础。

2016 年到 2018 年,OTI 从国防部负责研究与工程的助理国防部长下属机构中消失,技术观察/地平线扫描工作改由技术净评估办公室(ONTA)负责。ONTA 同样隶属于美国国防部负责研究与工程的助理国防部长办公室,其职责是以全球技术发展情报为基础,采用净评估的方法,动态比较分析美国与对手国家,以评估美国的军事技术能力和潜力,预测未来威胁和机遇,为负责研究与工程的助理国防部长决策提供建议和支持[83]。

2018年,美国国防部进行重大机构调整,OTI和ONTA的上级机构被撤销重组。技术观察/地平线扫描工作由新成立的战略情报分析室(SIAC)负责。SIAC直属于负责研究与工程的国防部副部长,该机构配备分析人员,专注于评估美国及对手的能力和弱点,跟踪全球技术趋势,评估有潜力的技术和新兴威胁,识别值得投资的未来机遇。其具体职能包括:针对美国和威胁进行杀伤链分析,针对技术和概念进行红队和弱点分析、全球技术跟踪、技术预测。

2)经费预算

技术观察/地平线扫描是美国防部技术情报工作的重点。技术观察/地平线扫描始于2011年,在2012财年的国防预算中有所体现,纳入"技术情报"(项目编号P535)项目下,且以后财年的国防预算均在该项目下。"技术情报"项目是美国国防部监测全球科技、评估新兴和颠覆性技术的重要依托项目,首次出现在2006财年的预算文件中,当年预算经费300万美元,直到2013财年预算额度都保持较平稳。2014财年起,随着地平线扫描相关工作在项目中的份额增多,项目预算也得到大幅提升,至2015财年已达上千万美元。美国国防部在2018年机构改革后,"技术情报"项目预算回落,到2020财年一直保持在约670万美元,经费预算详见图4-2。

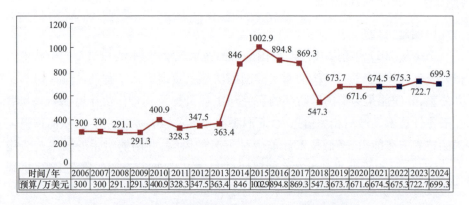

图4-2 "技术情报"项目2006—2024财年预算

2021财年,"技术情报"项目出现重大调整,预算取消,取而代之的是新的"技术观察/地平线扫描"项目(项目编号P177),这是"技术观察/地平线扫描"首次作为单独列支的项目出现在国防预算中,经费额度一直保持在700万美元上下。尽管"技术观察/地平线扫描"项目经费额度和研究内容范围与原"技术情报"项目相一致,但标志着开展十余年的技术观察/地平线扫描工作得到国防部的重视和认可。

3)主要内容

"技术情报"项目从 2006 财年起就关注对国家安全至关重要的具体科技领域的进展和机遇,比如全球纳米技术、定向能技术的发展状况等,其中一些细节保密。2009 财年,该项目支持持续描绘技术趋势及预测未来科学技术前景图,支持美国国家科学院开展"未来颠覆性技术预测"课题,确定所预测的技术对国家安全的影响,开展含能材料、微电子学、信息安全、神经科学等多个领域的科学技术净评估。2010—2011 财年,项目继续支持"未来颠覆性技术预测",进行未来技术推演,重点关注稀土材料等商用技术的潜在颠覆性影响,开展电子战、高超声速等领域的科学技术净评估,启动开发基于 web2.0 的信息技术解决方案,以提升全球技术态势感知力。

2012 财年起,"技术情报"项目支持开发地平线扫描和技术预测方法,利用最佳方法论来扫描/发现、优化(确定优先次序)和评估新兴技术的军事相关性,以便对新兴和颠覆性技术进行更广泛的评估,开始关注大数据挑战。2013—2014 财年,项目持续支持开发地平线扫描和技术预测方法,致力于在科学、技术和能力等系列领域,详细理解军事相关技术的出现和发展带来的机遇和威胁。这些领域包括但不限于量子信息科学、数据分析和数据密集型系统、新制造、定向能、超材料、光子学、量子磁强计、打印电子器件和自主性等。项目重点是跨国防部和情报界协作,以建立广泛的地平线扫描和技术预测能力。这种能力与技术净评估等其他方法相结合,对技术及其相关反制能力构成的机遇和威胁进行详细分析。开展"涌现理论"研究,解决预测和感知新兴科技背后的科学依据问题,以定量的理论方法提升预测情报随着时间推移的准确性和有效性。这些工作将帮助美国国防部深入了解其在全球科学技术中的相对地位,并确定对国防部能力发展和未来威胁环境的潜在影响。

2015—2016 财年,"技术情报"项目继续重点支持 OTI 关注领域,提供全球科技态势感知,即理解科技主题相关领域、发展、应用和机遇,开展当前威胁和能力评估、技术观察/地平线扫描、技术评估等,帮助负责研究与工程的助理国防部长为不确定的未来做好准备。在开展威胁和能力评估时,国防部与多政府机构协作,利用情报信息和开源信息,描述当前全球科技环境。在开展技术观察/地平线扫描时,开发数据分析和技术观察/地平线扫描工具,与陆军研究实验室、海军研究办公室合作,研究改善查询生成和技术观察/地平线扫描算法的指标,利用开源信息提供不明显的关系，识别塑造未来科技格局的新兴和颠覆性技术，同时开发能展示科技新闻和学术刊物的新闻公报网站，强化开源信息能力。在2016财年，技术观察/地平线扫描工作启用了由情报研究高级计划局（IARPA）向国防部转移的技术，此技术在FUSE项目下开发，支持科学涌现研究，是技术观察/地平线扫描工具的关键技术。在开展技术评估时，主要评估定向能武器、集成光子学、人效改造、合成生物学、超材料、多功能结构材料、人类-系统集成及其接口、认知神经学、自主性、技术预测、人工智能、物联网、能量捕获与存储等。

2017财年，"技术情报"项目持续进行全球科技态势感知，开发数据分析和技术观察/地平线扫描工具，为国防部研究人员和科学家提供可用的技术观察/地平线扫描工具包，并推广工具包的使用，培训国防部科技组织使用分析工具和有关方法，以支持内部决策，扩展有战略利益的新兴技术领域的组织知识。技术评估重点关注先进计算、认知决策-支持工具、非传统传感等。2018财年，项目花费约350万美元专门开发具备可操作性的技术观察/地平线扫描工具包——TechSight，实现对国防部研究人员和科学家可用，并继续扩展该工具以提供技术观察/地平线扫描的快速数据分析能力，支持科技和采办投资战略分析。同时，继续推广工具包，培训国防部科技组织使用分析工具和有关方法，以增进外联机会，支持内部决策，把组织知识扩展到具有战略意义的新兴技术领域。国防部还把来自地平线扫描的潜在颠覆性技术和来自杀伤链分析的新兴威胁整合到兵棋推演中。2019—2020财年，项目花费约470万美元继续支持TechSight工具包，分析风险投资、私募股权和商业研发投资等额外数据来源，重点开发商业领域的数据分析，向高级领导层提供新兴颠覆性技术和全球技术趋势信息，告诉他们在哪些技术领域应最好地投入资源，以保持或重新获得全球竞争优势。保持每年进行两次技术地平线扫描的能力，以及识别和跟踪来自公共、私人和风险资本的投资数据的能力，以确定美国和外国在行业有前景领域投资的资源。

"技术情报"项目稳步支持技术观察/地平线扫描和技术评估工作，在项目的前几年，美国与英国、澳大利亚、加拿大、新西兰合作开展了相关工作。2018财年以来，项目正式新增兵棋推演（2012财年经历过一次技术推演）和情报支持科技的任务。兵棋推演主要是为国防部的兵棋推演社群整合来自地平线扫描的潜在颠覆性技术和来自杀伤链分析的新兴威胁，以更好地了解新兴技术潜力，为国防部需求论证过程和技术能力开发过程提供信息。情报支持科技主要体现在建立情报界与科技社群间的桥梁，准确对接情报需求，以开展最相关的情报分析，并把情报集成与能力开发相结合，进行红队评估，为技术投资和战略提供信息。

2021 财年，技术观察/地平线扫描工作转为"技术观察/地平线扫描"项目，取代了"技术情报"项目。"技术观察/地平线扫描"项目的工作内容基本不变，其目标仍然是，通过识别技术研究趋势、预测未来概念和技术来解读新兴技术，其中的概念和技术在 2035—2040 年期间具有军用潜力。具体而言，一是为国防部识别和确定具有军用潜力的关键和新兴技术，二是对支持当前作战和塑造未来战争的基本假设产生挑战的全球技术进行跟踪。利用技术观察/地平线扫描能力，结合定制的技术评估，确定技术的军事相关性、研究机会，以及新兴和颠覆性技术的政策建议，最终支持国防部在技术领域的投资决策，以保持或重新获得全球竞争优势。

2021—2022 财年，"技术观察/地平线扫描"项目继续开发技术观察/地平线扫描工具，执行和改进技术观察/地平线扫描能力，并通过制定相关战略、计划和政策来执行和管理工具开发工作；继续分析来自公共、私营和风险资本信息源的投资数据；每年进行两次技术地平线扫描，针对政府、学术界和工业界关键和新兴技术事件展开技术考察，跟踪技术发展并保持对技术趋势的认识，向负责研究与工程的国防部副部长提交关键和新兴技术趋势报告、月度科技新闻简讯，为快速能力开发提供潜在投资领域信息；为情报界提供科技界的情报需求，向 SIAC 和国防研发系统提供情报报告和威胁信息；增强技术成熟度预测分析，确定关键技术使能因素和未来军事应用的发展路径；利用技术成熟度分析来改善地平线扫描算法，以产生更完善的技术前景预测。

2023 财年，"技术观察/地平线扫描"项目首次提出把全源情报集成到 SIAC 的分析工作中，识别技术研究趋势，预测到 2040 年有军用潜力的未来概念和技术的成熟情况，从而实现对新兴和颠覆性技术以及全球科技环境的刻画。这些刻画与 SIAC 的其他技术分析工作相结合，为战略技术开发决策提供信息支持。具体工作包括两方面：一是技术观察和预测，综合 SIAC 的技术扫描和预测、成熟度评估、数据分析和技术净评估工作的方法和结果，扩展"全球研究观察"的任务目标，监测和分析国际范围内的基础和应用研究活动，确定科学和技术研究的全球发展特征；继续分析来自公共、私营和风险资本信息源的投资数据，继续开展地平线扫描，识别和跟踪全球技术趋势；SIAC 与国际盟友及伙伴合作，确定新兴技术趋势和研究活动，以促进共同研究和分析机会，支持一个联系更加紧密和更有弹性的研究生态系统。二是情报融合工作，在负责研究与工程的国防部副部长办公室的项目经理和情报界专家间举办正式的技术交流，建立对全球技术发展的共同理解；协调情报界支持战略情报分析办公室（OSI&A，SIAC 的新称）

资助的技术分析和独立的比较技术评估,并为科技情报活动提供国防部办公室级别的支持;指引国防情报界为研究与工程界定义的关键情报需求提供分析输入,并向研究与工程界的利益相关者传播情报界的响应。2024 财年,项目将继续对地平线扫描和技术评估方法进行精细化改进。

### 4.1.3 技术支持

美国国防部实施"技术观察/地平线扫描"项目来应对逐年增大的技术情报信息数量,谋求一个自动化或半自动化的过程及系统来总结和提炼精华信息,最终实现并维持未来的决策优势。实现情报分析和决策支持的自动化,难度无疑是巨大的。根据 2013 年 OTI 发布的技术观察/地平线扫描持续能力需求信息,OTI 已经开发了概念上的算法、体系架构、终端用户界面和用于系统测试评估的初步方法,已资助开发并部署技术观察/地平线扫描原型机。原型机安装在美国国防技术信息中心(DTIC),并根据测试用户提供的反馈进一步开发运行系统。原型系统引入了两种算法,一种由 1790 分析公司开发,主要关注专利数据搜索;另一种由海军水面作战中心达尔格伦分部开发,主要关注文献计量数据(英文论文和其他关于新发现的文章)[84]。1790 分析公司也是 IARPA 开展的 FUSE 项目团队的主要成员单位,FUSE 项目开发的技术也被证实用于美国国防部的技术观察/地平线扫描工作。为技术观察/地平线扫描开发的框架可在两种模式下运行:一种由分析师的输入来有目标方向性操控,如输入关键词和主题词等,即技术观察;一种由分析师的输入来进行无目标方向性操控,即地平线扫描。

数据赋能是技术观察/地平线扫描的关键。2015 年 10 月,OTI 曾专门对数据赋能的技术观察/地平线扫描进行了技术评估,充分评估了大数据的价值[85]。评估报告指出,全球科技日益增长,预算收紧,决策者必须在分配资源和出台恰当政策方面做出艰难选择。基础研究团体正寻求有前途、有潜力的颠覆性新研究,而国防部实验室和其他应用研究组织正寻求增强国防部的能力。同时,高层领导者必须基于科技进展做出战略选择,因为正是这些科技进展塑造美国军队的未来。此外,国防部的技术发展决策本质上来自对当前技术的理解以及对未来发展的深入洞悉。国防部了解最新科技进展及指导合适的研发投资正显得愈加重要,而在这些方面存在诸多挑战。

一方面,国防部通常会召集专家团体分析和预测技术发展,专家提供给国防部的判断的准确性少有验证。2012 年,有关对技术预测方法准确性的研究表明,许多专家预测因为缺乏清晰、准确的判断造成准确性难以评估。研究也发现，量化的趋势分析更有效。这意味着数据赋能的技术观察/地平线扫描方法比传统的专家主导的行为更有优势，因为数据分析可能减少了人的偏见因素。因此，开发数据赋能的技术观察/地平线扫描新方法更有利于精确预测。

另一方面，科技格局广袤开阔，涵盖了广泛的跨学科研究和深入的领域研究。这给人力分析带来困难，因为任何一个团队在潜在的国防相关科技方面都会受到专业和洞悉能力的限制。即使对于专注于单一领域的团队来说，在监视学科交叉和来自完全不同领域的影响潜力方面，难度也在提高。

再者，当前专家主导的方法难以形成机构能力。这些方法都是无重复性的临时性过程，而数据赋能的方法有可能减轻国防部专家的工作量，同时赋予分析可重复性，提供更持久的价值。例如，像保存搜索和存档初始分析这些简单功能可以更快地用于更新校正分析结果，给分析师或专家回顾其思考过程的机会。因此，数据赋能的方法可产生能重复的机构能力。

鉴于科技数据暴增的现状，数据分析的领域也快速增加，也产生了更多的利用更强大、更低廉计算资源且运行更快的复杂算法。数据分析的巨大潜力使出现新的更有效的技术观察/地平线扫描方法成为可能。数据赋能的技术观察/地平线扫描分析法比其他方法相对新颖且更有前途。但是，数据赋能的方法在演绎结果时仍需要专家辅助。通过该方法，国防部专家可能在更多的时间内以更宽广的视野审视其研究领域。

技术观察/地平线扫描的终极目的是服务于决策，必须能提供有价值的见解。数据赋能的技术观察/地平线扫描不能替代人类决策者，所以国防部需要开发与恰当的工作流程相适应的技术，把分析、预测等工具集成到决策过程中。否则，技术观察/地平线扫描仅能简单地提供"有意思"的信息，而不能产生深远影响。评估报告分析了开发相关技术和技术观察/地平线扫描工作流程中所面临的挑战和机遇，认为工作流程中有五个重要阶段：描述决策、挑选数据、执行分析、开发决策支撑产品、利用知识管理。有效落实这五个阶段的工作，对数据赋能的技术观察/地平线扫描极其重要。从美国国防部近10余年的技术观察/地平线扫描工作内容来看，持续开发数据赋能是技术观察/地平线扫描从一项工作变成一项计划项目的关键。

### 4.1.4　项目成果

技术观察/地平线扫描持续跟踪监测全球科技动态，每年进行两次技术地平线扫描，持续开展技术评估，形成多种情报产品。

（1）科技新闻公报（S&T news bulletin）。每周报道全球基础研究和前沿技术领域的重大进展，涵盖科技政策、科技预测、先进材料、先进制造、量子科学、能源科学、环境科学、成像技术、传感器、微电子、光电子、信息技术、通信技术、自主系统与机器人、网络安全、生物学、医学、神经科学、大数据等多个热点领域。

（2）深度科技报道（S&T in-depth）。定期选取一个重点研究方向，深入挖掘大量近期的相关文献，概述所有文献信息。已完成了物联网、高能激光、合成生物学、人工智能、人机协作、超级电容与催化、大数据、仿生设计、自旋电子学等技术方向的深度报道。

（3）技术评估报告（Technical Assessment）。根据长期跟踪和分析的结果，选有潜力的技术方向，从技术概述、潜在国防应用分析、发展建议等方面给出评估报告。2015年1月，OTI公开了对合成生物学的技术评估报告。合成生物学应用科学、技术和工程促进和加速生物体内遗传物质的设计、制造和改进，在医疗、农业、工业、国防方面的意义重大，美国能源部、国家科学基金和国防部（包括DARPA）每年投入2.2亿美元进行合成生物学研发。在报告中，国防部鉴别和评估了合成生物学的潜在特定用途，包括生产商品材料（更廉价的织物、燃料）和特种材料（传感活性材料、装甲用高强聚合物、隐身材料、防腐涂层、生物计算、数据存储和加密材料），增强士兵在战场上的健康和能力，研发生物学传感器，以及生化战争防御等。对合成生物学进行综合评估，支撑空军研究实验室的研发决策和投资。2015年2月，OTI公开了对自主无人系统的技术评估报告。在报告中，国防部鉴别和评估了相关技术的潜在特定用途，并对技术进行综合评估，支撑陆军研究实验室的研发决策和投资。2015年4月～9月，OTI和空军研究实验室材料与制造部一起采用技术观察/地平线扫描方法完成关于结构材料的未来投资研究报告。空军研究实验室材料与制造部一直寻求在该领域的新突破，他们认为，技术观察/地平线扫描以数据为基础的分析可能比只依赖内行专家分析能提供更广泛的洞悉和见解。2015年10月，OTI公开了对数据赋能的技术观察/地平线扫描和集成光子学的技术评估报告。

（4）技术视野快照报告（TechSight Snapshot Report）。报告提供了对新兴和潜在颠覆性研究领域的近期活动的简短概述，使用的是由科学和专利文献的出版趋势统计分析生成的定量指标，专门使用"技术观察/地平线扫描"工具包——TechSight系统。这些报告的目的是生成更深入研究的问题，每月快速、及时地生成，由TechSight自动生成数据。这些数据是从动态界面中插入的，读者可在TechSight上访问这些数据以进行进一步的探索。所有国防部人员和承包商都可以使用 TechSight。随着对 TechSight 系统的改进，如完成实体消除歧义等，未来的快照报告将分析顶层组织和实体。该报告主要包括：某项技术是什么？当前的研究全景如何（包括涉及的研究领域、研究方向、近20年的论文专利数量、各领域方向论文专利情况、引用情况）？领域成熟度如何（通过近十年的论文、专利数量变化得出）？领先的国家是谁（通过论文、专利数量比较得出）？特定的高级分析？未来研究问题？延伸阅读（最高引文成果）。目前，公开了自旋电子器件、超级电容器、深度学习、高超声速四个技术领域的快照报告。

## 4.1.5 持续发展

2018年4月，美国时任负责研究与工程的国防部副部长格里芬在向国会参议院军事委员会新兴威胁与能力小组委员会作证词时表示，国防部开发的工具将识别有前途的、新兴技术和能力，以集成国防部拥有的模型和仿真环境，与军队在联合仿真环境中评估技术和能力的潜力。全球技术观察/地平线扫描工作从广泛的学术、研究、私人和公共投资数据中进行数据分析，确定当前有前途的技术，并预测新兴技术，这些技术国防部必须有所了解，从而支持创新解决方案，在竞争激烈的全球环境中重获/保持美国的科技优势[86]。

2022年4月，负责研究与工程的国防部副部长徐若冰在向国会参议院军事委员会新兴威胁与能力小组委员会作证词时也表示，国防部进行技术地平线扫描，以了解战略竞争对手活跃之处，并了解商业领域的最新技术。这些信息有助于做出更明智的决策，并使国防部能够评估从美国商业系统和国防创新生态系统中获得的机会，以加速技术采用，并与其盟友和伙伴合作开发可互操作的系统[87]。

美国国防部在最新发布的《国防科学技术战略2023》中表示，为在资源有限的环境中为联合部队建立持久优势，必须建立一个方法学过程，以确定和优先考虑具有最大潜力的能力投资，满足当前和未来的作战需求。做出正确的技术投资策略需要国防部利用建模和仿真的分析能力，支撑具有更大作战价值的新兴技术评估。开发高度精确的战役级"系统之系统"模型和仿真将有利于识别能力并确定特定技术的贡献。把基于物理的模型集成到战役级"系统之系统"模型中，将提高评估的准确性。这些强大的模型和仿真将与全面的技术观察和地平线扫描工作相结合，为未来的关键技术投资提供信息[88]。

## 4.2 英国国防部科技地平线扫描项目案例

地平线扫描是英国国防部研究项目的重要组成部分,旨在引起人们对科技新进展的关注,以利用机遇,避免被突袭。自 2006 年 1 月以来,国防科技实验室(Dstl)系统扫描非常广泛的技术文献,不偏向特定技术领域。该项目逐渐赋予国防部资助的科学家强大的新概念库,使他们能够看到其他研发进展的国防相关性——这些进展或许来自原本他们不会去关注的完全不同的领域,以此激发创造力,培育整个国防部的创新能力。

### 4.2.1 项目背景和目的

英国国防部开展专门的项目评估和开发新兴科学和技术,并将技术应用于国防装备。项目将响应多方面的工作,包括国防部的发展、概念和条令中心(DCDC)的开创性工作、现有的内部研究结果、战略规划、国际合作、应标征求和非应标征求的建议书等。此前,英国防部深度跟踪已经被确定为特别感兴趣的某些技术,但是随着研究预算减少和全球科技创新快速倍增,这种深度报道全球科技进展的能力已经落后,越来越难以保持对所有科技领域的观察,而那些未被观察领域最终可能对国防产生影响。为此,英国国防部提出需求,通过地平线扫描对科技领域的进展进行系统检查,实现三个目标。

一是发现新兴科学技术的潜在应用"萌芽"。由于地平线扫描科技领域没有纳入国防部已有研究项目,这些科学技术一开始从源头上就可能被忽视,在其发展的早期阶段并没有被注意到。国防部特别强调在理解新兴技术的影响、规划新兴技术开发,以及必要时迅速制定反制措施等方面的"速度需要"。这其中的关键在于,早期及时的识别(和行动)增强把新进展转化为机遇的潜力(图 4-3)。地平线扫描通过高效而无偏见的信息检索,系统检视潜在威胁、机遇和可能的发展方向,其中包括但不限于那些处在当前想法和当前计划边缘的威胁、机遇。最终,地平线扫描可能探索到新颖和意外的主题,发现持久的问题或趋势。

二是把具备潜力的陌生科技进展告知决策者。决策者不喜欢被告知他们已知的事情,所以那些"已知的"需要被过滤掉。在全球科技扫描中,信息的不熟悉性(陌生性)被认为比时间范围更重要。无论涉及当前、近期还是遥远的未来,所有时间范围内的威胁和机遇都需要识别。例如,相关技术可能是"现成"可用的,或者在开发的早期阶段,只要对决策者来说是陌生的机遇或威胁,都要

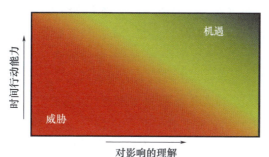

图 4-3  对相关科技的理解和时间行动力与威胁、机遇的关系

通过地平线扫描获得。

三是刺激创新和科技战略规划。地平线扫描从科技视野中收集弱信号或突奇意外的(wildcard)技术,通过与专家或决策者交流沟通而创造"兴趣涟漪",激发机构的创造活力。地平线扫描过程与战略规划过程产生强烈共鸣,为未来规划过程中识别潜在机遇和弱点提供支撑。

## 4.2.2 项目实施概况

### 4.2.2.1 实施进展

英国国防部的科技地平线扫描工作由国防科技实验室负责。英国国防科技实验室是负责把科学技术应用于国防和安全领域的主要政府机构,其职能之一就是管理和利用更广泛的国防和安全领域知识,并通过地平线扫描理解科技风险和机遇。国防科技实验室希望通过一个简单、系统、高效的流程来激发创新解决方案和避免被技术突袭。地平线扫描运用信息科学和心理学的诸多理论来进行设计。这产生一些新的搜索技巧,以及让国防部工作人员获得传统搜索无法发现的新进展的浏览能力。地平线扫描在激发英国国防部科学基础的创造力方面发挥核心作用,从而为英国军队和经济带来更多创新解决方案。

英国国防部持续利用地平线扫描规划科技发展战略。在 2017 年和 2020 年两版《科学技术战略》中,均把持续的地平线扫描作为了解不断发展的科技威胁和机遇、理解未来、支持决策的重要手段。2018 年 5 月,英国国防部介绍了其国防新兴技术项目,该项目是地平线扫描和技术观察支持的重点[89]。2019 年,兰德欧洲公司开始为英国国防科技实验室进行一项为期两年的地平线扫描项目,寻求从医疗技术到传感器、机器人等所有技术进展[90]。2020年5月,英国国防科技实验室授予 BAE 系统公司高达3.5亿英镑的国防科学技术研究分析(A-STRID)合同,运用前沿技术为国防部和国防科技实验室提供关键战略、政策和投资挑战的分析。合同涉及五个领域:战略、政策和企业级决策支持,当前和未来部队结构中的平台能力和系统级能力的投资决策支持,国防与安全商业空间分析及决策支持,赋能建模和数据收集服务,新兴科学技术地平线扫描[91]。2021年3月,英国防科技实验室披露其新的探索部门(Exploration Division),该部门将利用国防科技实验室在地平线扫描、系统思维、兵棋推演、仿真、社会科学和运筹学等方面的专业知识,通过人工智能和数据分析技术,扫描变革性技术的地平线,发现具有最大潜力的未来高影响力技术、概念或系统等,探索新战术和战略,并推动好想法转变为概念力量设计和预期政策[92]。2023年6月,DSTL与谷歌云签署备忘录,推进国防部门的人工智能应用,提出为技术观察和地平线扫描开发人工智能研究环境[93]。

#### 4.2.2.2 操作方法

英国国防科技实验室执行地平线扫描的方法具有典型代表性,从信息源分类到检索词选择都对我们开展地平线扫描有重要启发意义。

1)信息源

对于国防部而言,外部发展的"地平线"极为复杂,包括技术、政治、社会、经济、立法和环境等全方位变化。科学技术扫描仅涉及整个"地平线"的其中一个组成部分。

科技地平线扫描的首要前提就是"地平线"本身的定义,或者更具体地说,是限定能代表实际"地平线"的一个真实的信息源(下称"源")的子集。在扫描之前,必须清楚地识别焦点之下的"地平线"。这是通过寻找一系列源来实现的,源可以从下列四个维度描述:

(1)类型:内容是基础的科学或原理还是应用性技术。

(2)社群:是主流的还是边缘的,即信息既有来自主流信息源,也有来自边缘信息源。被扫描的主流信息源包括专利、研究委员会和企业未来学会等;边缘信息源包括科幻小说和博客等。

(3)性质:确切性的还是推测性的。

(4)竞争性:学术领域或者商用领域。

如图4-4所示,这是对主流社群在类型和性质两个维度上的说明,展示了所选的信息源如何跨越抽象的空间。当扫描这些已被认定的"地平线"时,我们会发现一系列内容,包括威胁、有指导意义的内容、匪夷所思的内容、古老的内容、我们了解的内容和以前没见过的内容。

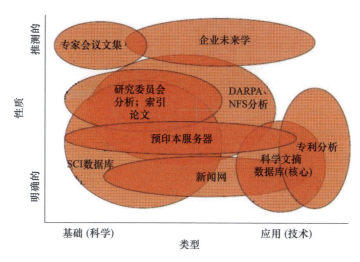

图4-4 主流社群信息源在类型和性质两个维度上的展示

2)信息检索

这些信息源涉及技术出版物社群的方方面面,但英国国防科技实验室在其地平线扫描范围内,并不特别关注已知的国防技术,而是寻求识别可能存在国防相关性的非国防科学技术。在扫描结果中,有可能只引起国防部门兴趣的新科技,也有可能只引起其他部门感兴趣的新科技,还有可能是两类部门都感兴趣的结果。

选择一组信息源后,需要设计一种机制来应对每一信息源上潜在的大量出版资料。这就需要一种自动化的方法来关注国防部最感兴趣的具体科技进展。国防科技实验室通过基于语言学原理的信息检索过程来实现。

地平线扫描的信息检索方法与传统的搜索方法有很大区别。在传统搜索中,我们去描述(很可能)感兴趣的事物,然后进行检索;而在地平线扫描中,我们不以具体的兴趣偏好去检索,而最终从检索结果中意识到感兴趣的事物。简言之,前者是"兴趣驱动",后者是"驱动兴趣"。地平线扫描通常利用形容词或修饰性短语检索科技新进展,不偏向特定技术领域。例如"革命性的、史无前例的、世界首个、首次、数量级、典范、先前不可能、开拓性的、为……铺平道路、更近现实……"(revolutionary、unprecedented、world's first、first time、orders of magnitude、paradigm、previously impossible、ground-breaking、paves the way、closer to reality……)等词语常被用于检索词。地平线扫描还会利用"情绪监测/观点监测"

（Sentiment surveillance）的方法检索世界科技进展，监测文本中所表达的主观意见，采用的检索式或检索词示例如下：

"INNOVATIVE BREAKTHROUGH *"

"MAJOR BREAKTHROUGH *"

"MUCH – NEEDED BREAKTHROUGH *"

"REAL BREAKTHROUGH *"

"RECENT BREAKTHROUGH *"

"REVOLUTIONARY BREAKTHROUGH *"

"SIGNIFICANT BREAKTHROUGH *"

"TECHNOLOGICAL BREAKTHROUGH *"

"TECHNOLOGY BREAKTHROUGH *"

"BREAKTHROUGH DISCOVERY"

"BREAKTHROUGH IDEAS"

"BREAKTHROUGH RESULT"

"BREAKTHROUGH REVEALS"

"BREAKTHROUGH SCIENC *"

"BREAKTHROUGH TECHNOLOG *"

"BREAKTHROUGH THINKING"

"BREAKTHROUGH * CAN DELIVER"

"BREAKTHROUGH FOR BASIC"

"BREAKTHROUGH FOR APPLIED"

"POSSIBLE BREAKTHROUGH *"

"BREAKTHROUGH * USING NEW"

"BREAKTHROUGH * IN FUTURE"

"BREAKTHROUGH * IN QUALITY"

"BREAKTHROUGH * IN SCIENC *"

"BREAKTHROUGH KEY ENABLERS"

"BREAKTHROUGH * TO HARNESS"

"BREAKTHROUGH FOR UNDERSTANDING"

这种地平线扫描过程存在一些挑战，特别是语言和专利方面的挑战。报道全球科技进展的信息涉及各个国家的语言。执行者会通过自动翻译、用其他语言搜索、与讲各国语言的人合作，来搜索由其他语言形成的技术信息。语言障碍可能会阻碍识别处于早期研究阶段的科学技术。但是,最大的障碍是来自获取商业部门的科技进展,因为这些科技进展在申请专利之前不会公布,对地平线扫描的全面性构成挑战。

3)信息筛选

地平线扫描发现新进展,获得大量纷繁芜杂的信息,需要对照国防相关性进行过滤筛选。信息筛选要经过不同的过程:监测(surveillance)筛选过程、认知(cognitive)筛选过程、感知(perception)筛选过程和影响力(power)筛选过程——最后一个过程上升到为决策者服务的层面。

(1)监测(surveillance)筛选过程:监测筛选信息的过程,提供一个了解全球"技术社群"公布研究结果的"窗口"。

(2)认知(cognitive)筛选过程:主要是评估信息的合理性(Plausibility),合理性评估由专门的地平线扫描团队来开展,是核心地平线扫描团队采用的一种结构化测试,该过程完全依赖于国防部的工作人员。

(3)感知(perception)筛选过程:主要是评估信息的可能性(Possibility),可能性筛选吸纳国防部专家广泛参与。如果具备条件,在内部网络进行技术讨论更便捷。

(4)影响力(power)筛选过程:主要是对信息进行评级,确定信息的国防相关性,研判信息的价值和影响力。研究团队最终根据筛选结果向国防部决策者及项目主管提出建议。

## 4.2.3 项目成果

地平线扫描团队针对特定受众开发不同的信息"产品",有些是具体刊物,有些是服务性工作。经过地平线扫描过程后,所有"合理"的概念(或新进展)首先被形成概要,输入到一个数据库中,然后这些进展都会被用于一系列旨在激发国防部专家创造性思维的服务中。例如:

(1)IntraSights 数据库浏览器。Intrasights 是一个软件工具,使用户能够浏览地平线扫描数据库,可实现各种搜索和浏览界面,可跨数据库工作,访问科技进展的摘要和链接。该工具使用聚类方法创建不同的新概念集合,产生可视化关联图谱,为国防技术挑战寻找潜在的新解决方案。这其中可能包括他们无法通过传统文献检索而发现的解决方案。地平线扫描非常适合发挥这种激发"创造力"的作用。

(2)网络研讨会。在此项活动中,专家们将接触到各种各样的新进展,他们从中可以考虑满足国防部需求的新解决方案,并使用笔记本电脑的"GroupSystems"集群提供早期阶段的评估。

(3)刺激搜索。不像常规操作那样,从一系列需求开始,然后再去搜索寻找相关的技术,而是地平线扫描到的新进展集群"迫使"大家考虑更多样化的解决方案。然后该过程围绕一组可能的答案进行迭代和细化。

(4)创造性游戏(推演)。心理学文献为创造性和推演之间的联系提供了强有力支持。该活动作为研讨会的延伸,进一步增强激发创造性解决方案。在这项活动中,相关人员在桌面推演的背景下描述一段作战梗概(或小片段),技术人员从地平线扫描所收集的进展中识别新的技术解决方案,来尝试"解决"作战中的系列挑战。

除上述活动外,地平线扫描也提供具体的信息产品。例如:

(1)预警快讯。把与国防部现有需求直接相关的科技新进展形成电子邮件预警主题,发送给相关人员,并要求用户反馈,以测试和增强地平线扫描团队对这些需求的理解水平。

(2)地平线扫描公报。团队编制《地平线扫描公报》,每两个月出版一期,另有《全球科技地平线扫描》特刊,不定期出版主题刊物、趋势快讯和专题报道。

(3)五胞图表(图4-5)。该"产品"为已纳入国防研究项目的内容提供建议。每个图表都通过人对时效性、相关性(国防和商业)、不熟悉性和可利用性的评估来对分类新进展,并提出一个适当的国防部参与策略。这些是站在国防部的角度而做出的评估,可能不适合其他组织。

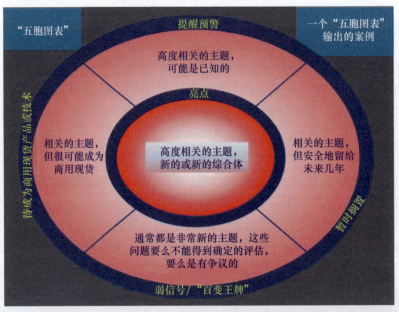

图4-5 五胞图表说明

图4-6示出了地平线扫描信息筛选的全过程及伴随的产品。可以看出,从监测筛选到评级形成"五胞图表"的过程是信息量减少、成本增加的过程。越是到了信息的最后阶段,精华的信息越会被保留下来,而同时筛选过程付诸的智力、财力成本增加,最终形成服务决策的高价值产品。

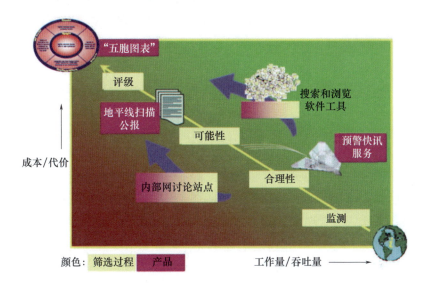

图4-6　英国国防科技实验室地平线扫描信息筛选全过程及伴随的产品

为使决策者能够接受地平线扫描的信息,其中有一个重要的执行步骤,即需要有目的地通过抽象化提炼要点来概括性地翻译技术知识。这需要掌握如何抓取信息的主要思想,并将其解构和通俗化表达。抽象化提炼使创造性思维和识别离散概念或对象间的"相似关系"成为可能。抽象化提炼讨论能够让决策者参与到问题的"解决方案"中来,这是非常强大的激励因素。下面的案例能够说明抽象化提炼对决策的重要性。

"打印你自己的房子":技术专家和决策者间的对话案例。

打印你自己的房子——一台轮廓制造设备可以就地取材,材料是半液态的形式,在一天内打印一个2层、约186$m^2$的房子,而不需要人工。发明者指出,与传统的房屋建造方法相比,房屋建造速度提高了200倍。

技术专家说:"建议把打印房屋作为灾后提供住宿的一种解决方案。"

决策者反驳说:"建筑专业的学生设计"空投"房屋已有多年,但由于无法提供大小和设计的灵活性来满足不同环境和文化需求,这些都没有成功。"

技术专家说:"建议最好采用可根据用户需求灵活设计房屋的空投打印机,如临时或长期的、一室或这多室等灵活设计。"

决策者说:"嗯……那可能就行。"

#### 4.2.4 地平线扫描的十条戒律

2018年3月,英国国防科技实验室系统思维与咨询组的首席科学家、地平线扫描团队的前负责人约翰·卡尼博士发表了地平线扫描的十条戒律,阐述其对地平线扫描的理解。

(1)不要认为地平线扫描是关于预测未来的——这是一个常见误解。地平线扫描的真正价值在于用它来改变思维定式,挑战假设,并提供更多未来选项。

(2)不要寻找"你知道或想要的"——扫描和传统的搜索不一样。地平线扫描更多的是提出"未提出的问题"或识别"未知的未知"。

(3)不要否定拥护者或特定客户的需求——地平线扫描分析的主要挑战是克服文化阻力。一个支持你、有影响力的利益相关者是很大的帮助——但要明智地选择,并相应地管理预期。

(4)不要忘记维持证据基础——系统和全面的扫描过程提供了一定程度的(科学的)稳健性,这对可信度很重要。

(5)不要指望对什么是地平线扫描有一致的理解——在地平线扫描和未来社群内缺乏共识。应用方向的不一致性意味着地平线扫描这个术语被广泛使用,在许多情况下被误用。应该定义术语及意义。

(6)不要害怕挑战自己的做事方式——做地平线扫描并没有什么魔法,或公认的方法,但要注意,不要认为自己的方法是最好的、唯一的方法。请其他团队评审是为地平线扫描活动引入新方法和新视角的好办法。

(7)不要忘记"团队"——用专门的"通才"骨干人员,理想情况下这些人才可从非常不同的学术背景(包括艺术和科学)中招募。也要考虑建设更广泛的团队,外部因素通常可以更有效地提出一个令人不安的结论。

(8)不要否定影响的必要性——专注于描述你分析的内涵影响,而不是过程或详细的内容。还要记住,不确定性和风险(或机会)不是一回事。

(9)不要期待被感谢或褒奖太多——地平线扫描是一个挑战,有时你可能会觉得是在战区的前线。一个未来项目做出的最重要的贡献可能是无形的。

(10)不要放弃日常工作——对一些人来说,地平线扫描可能成为一项全职甚至终生的职业,但对大多数人来说,它可能是一项更为主流活动的有益补充[94]。

## 4.3 欧洲防务局科技地平线扫描项目案例

### 4.3.1 项目背景

地平线扫描是欧洲防务局保持欧盟的军事技术优势的重要手段之一。几个世纪以来,欧洲军队可以通过在先进的技术、互联互通和培训方面来实现质量优势,抵消对手军队的数量优势。现在新兴技术塑造了全球的军事战略和战术,激发了各国国防创新的发展。同时新兴技术的发展不再限于欧洲、美国等西方国家,发展中国家的新兴技术发展迅速,欧盟必须以一种更加灵活和主动的方式,应对目前的挑战。而以地平线扫描为核心之一的技术观察和前瞻活动可以帮助欧洲防务局识别新技术、弱信号和创新趋势,认识前沿技术的发展趋势和其对欧洲防务的长期和近期影响,支持研发和能力规划流程,已经纳入到欧盟的总体战略研究议程的工具链中,为欧洲防务局提供关于未来技术前景的参考。

### 4.3.2 实施概况

欧洲防务局在 2014 年制定的 2014—2016 年工作计划中提出,从 2015 年起启动一项技术观察活动。该活动可为欧洲防务局的技术评估和技术优先级提供短期和中期的信息。根据技术观察活动 2015 年的工作进展,欧洲防务局指出需要进一步开发关于技术观察的两个方面,发布了"技术观察后续:技术地图与预测"的项目投标说明及合同草案,广泛征询建议和承包商。这两个方面是:更多具有技术绘图功能的技术观察 IT 工具,并识别工具中缺失的技术;通过添加长远视角,完善技术观察和地平线扫描工作,进行技术预测。

欧洲防务局技术观察 IT 工具基于 Share Point 公司的产品,这些工具被集成到 IT 架构中使用。工具利用 RSS 推送自动从公开资源捕捉技术新闻,也可以手动更新信息。采用欧洲防务局的分类法对这些信息进行自动化标记。工具具有技术观察和地平线扫描功能,但不具有技术预测功能,因此需要进一步开发。欧洲防务局行政长官在 2016 年也曾表示,有必要针对低技术成熟度开展技术观察和创新合作,在一个类似 DARPA 的结构框架内开展创新合作。欧洲防务局将和成员国一道持续开展技术观察工作,支持长期的安全需求决策。

## 地平线扫描在科技领域的发展应用

2017年3月,欧盟委员会联合研究中心启动了一个新的欧洲防务局项目,旨在开发欧洲防务局的媒体和技术监测系统。这一倡议是欧防务局技术观察先前活动和项目的延续,其目的是增加防务局及其利益攸关方获得高质量国防技术信息的机会。这一新能力将帮助防务局更好地支持成员国活动,支持防务研究准备事项和未来欧洲防务研究计划中所预见的工作。系统地了解不断发展的技术趋势及其对未来欧洲防御能力的长短期影响,对于防务局的工作非常重要。技术观察活动为欧洲防务局"能力技术战略计划"的技术识别过程提供了一种输入。

这个新项目的目标是开发监视和数据分析工具的定制版本,以适应国防的需要。新系统将提供媒体和技术监测组件,使用多种信息来源,并提供搜索方法的组合。此外,联合研究中心的工具提供了在特定领域实时识别趋势的可能性。在目前技术快节奏发展的情况下,这一点尤其重要,可以成为欧洲防务共同体的一项战略优势。监测系统的输出将用于评估和优化国防研发计划,还将支持中长期的能力发展计划(CDP)和欧盟关键使能技术(KETs)计划,以及短期的欧盟未来新兴技术(FET)计划,展望未来技术的军民两用前景。

目前欧洲防务局已经上线一款"技术观察/地平线扫描"工具(EDA Technology Watch & Horizon Scanning Tool),需内部人员注册使用。

### 4.3.3 项目成果

欧洲防务局依据地平线扫描等技术前瞻的研究成果,聚焦于最有希望、最与国防相关和最具影响力的新兴技术,确定年度的军事能力发展优先事项(Capability Development Priorities)和其他军事技术发展远景目标。

2018年6月,欧洲防务局发布《探索欧洲2035年及以后的能力需求》报告。2018年是能力发展优先事项的十周年。《探索欧洲2035年及以后的能力需求》是对2008年以来欧洲内外的安全和防务环境、战争性质和变化趋势、新技术的发展以及欧洲防务预算等的总结。报告着眼于欧洲防务局的长期能力建设,确定了未来关键的战略环境因素、相关的未来能力需求和欧洲军队需要关注的技术组合,支持2035年及以后得国防和安全能力的发展,帮助欧洲防务局的成员国进行国防研发和采购方案。《探索欧洲2035年及以后的能力需求》最终确定人工智能、人体增强技术、能源生产和储存、定向能武器、增材与先进制造等12项重大关键技术领域。

2023年11月14日,欧洲防务局发布《2023年欧盟能力发展优先事项》报告,该文件基于欧盟内部防务规划以及防务相关举措基线提出了 22 个优先事项,包括 5 个作战领域的 14 个优先事项,以及 8 个与战略推动和作战力量倍增相关的优先事项。该报告为欧洲提供了一个有影响力和可操作的框架,将推动以能力为导向的研究和创新活动,为研究议程和行业参与提供信息,将指导解决欧洲全方位防御能力的需求。

# 参考文献

[1] LOGAN D C. Known knowns, known unknowns, unknown unknowns and the propagation of scientific enquiry[J]. Journal of Experimental Botany, 2009, 60(3):712-714.

[2] Known and unknown: Donald Rumsfeld's reality of the virtual[EB/OL]. (2012-05-25)[2023-12-06]. https://bigthink.com/articles/known-and-unknown-donald-rumsfelds-reality-of-the-virtual/.

[3] FREIER N, HUME R, SCHAUS J. Memorandum for SecDef: restore "Shock" in strategic planning[R]. United States Army War College, 2020.

[4] MANNING L, BIRCHMORE I, MORRIS W. Swans and elephants: a typology to capture the challenges of food supply chain risk assessment[J]. Trends in Food Science & Technology, 2020, 106:288-297.

[5] MARSHALL A, OJIAKO U, WANG V, et al. Forecasting unknownunknowns by boosting the risk radar within the risk intelligent organization[J]. International Journal of Forecasting, 2019, 35(2):644-658.

[6] 朴美爱.《太平广记》"预知未来"故事研究[D]. 北京:中国社会科学院研究生院, 2012.

[7] 史海波. 古代的预言、占卜与"历史"[J]. 外国问题研究, 2018(2):37-43.

[8] 苏全有, 张超. 预测学与史学研究[J]. 大连大学学报, 2013, 34(1):21-26.

[9] 孙建光. 国外未来学研究的历史、现状与趋势[J]. 未来与发展, 2021(11):52-56.

[10] 晓梅. 未来学——世界上新兴的一门边缘科学[J]. 图书馆工作与研究, 1980:31.

[11] GEORGHIOU L, HARPER J, KEENAN M, et al. The handbook of technology foresight: concepts and practice[M]. Cheltenham: Edward Elgar Publishing, 2008.

[12] Food and Agriculture Organization of the United Nations. Horizon scanning and foresight: an overview of approaches and possible applications in food safety[R/OL]. Rome: FAO, 2013.

[13] Organisation for economic co-operation and development. Overview of methodologies, futures thinking in brief, future schooling[EB/OL]. [2023-12-06]. https://www.oecd.org/strategic-foresight/whatisforesight/.

[14] National Academies of Sciences, Engineering, and Medicine. Safeguarding the bioeconomy[M]. Washington: The National Academies Press, 2020.

[15] AGUILAR F S. Scanning the business environment[M]. New York: Macmillan, 1967.

[16] The role of foresight in shaping the next production revolution[EB/OL]. [2021-09-10]. https://www.oecd-library.org/sites/9789264271036-13-en/index.html?itemId=/content/component/9789264271036-13-en.

[17] UK Government Office for Science. Horizon scanning programme: a new approach for policy

making[EB/OL]. (2013 – 07 – 12) [2023 – 12 – 07]. https://www. gov. uk/government/news/horizon – scanning – programme – a – new – approach – for – policy – making.

[18] Technology watch and horizon scanning (TW/HS) conceptual framework[EB/OL]. (2011 – 11 – 22)[2021 – 09 – 09]. https://govtribe. com/opportunity/federal – contract – opportunity/technology – watch – and – horizon – scanning – twhs – conceptual – framework – hq003412baatwhs0001?__cf_chl_jschl_tk__= pmd_7t0YXpf0NfuMI8T0tNRI3abi. RXB3yymT1FEaVbMpEI – 1631262752 – 0 – gqNtZGzNAnujcnBszQs9.

[19] 李延梅,曲建升,张丽华. 国外政府地平线扫描典型案例分析及其对我国的启示[J]. 图书情报工作,2012,56(8):65 – 68.

[20] CUHLS K,VAN G A,TOIVANEN H. Models of horizon scanning:how to integrate horizon scanning into European research and innovation policies[R]. Brussels:Report to the European Commission (end report of the European Commission,A 6,Study on Horizon Scanning),2015.

[21] HABEGGER B. Horizon scanning in government:concept,country experiences,and models for Switzerland[R]. Zurich,Switzerland:Center for Security Studies ETH Zurich,2009.

[22] CUHLS K E. Horizon scanning in foresight – why horizon scanning is only a part of the game[J]. Futures & Foresight Science,2020;2:e23.

[23] National Library of Medicine/National Center for Biotechnology Information. Horizon scanning and foresight methods[EB/OL]. [2023 – 12 – 07]. https://www. ncbi. nlm. nih. gov/books/NBK556423/.

[24] ROY H E,PEYTON J,ALDRIDGE D C,et al. Horizon scanning for invasive alien species with the potential to threaten biodiversity in Great Britain[J]. Global Change Biology,2014,20(12):3859 – 3871.

[25] SOON J M,MANNING L,SMIMTH R. Advancing understanding of pinch – points and crime prevention in the food supply chain[J]. Crime Prevention and Community Safety,2019,21(1):42 – 60.

[26] SUTHERLAND W J,WOODROOF H J. The need for environmental horizon scanning[J]. Trends in Ecology and Evolution,2009,24(10):523 – 527.

[27] Government Office for Science. Foresight projects[EB/OL]. (2022 – 07 – 29) [2023 – 12 – 07]. https://www. gov. uk/government/collections/foresight – projects.

[28] Official launch of the risk assessment and horizon scanning experimentation centre[EB/OL]. [2023 – 12 – 07]. https://www. dsta. gov. sg/whats – on/speeches/speeches – 2007/official – launch – of – the – risk – assessment – and – horizon – scanning – experimentation – centre.

[29] Government Office for Science. The futures toolkit:tools for futures thinking and foresight across UK government[R]. Gov UK,2017.

[30] DAVID H S,GILLIAN T S. Science and technology horizon scanning:opening the pathways for innovation[J]. Codex Journal,2008,1.

[31] 杨捷,陈凯华,穆荣平. 技术预见方法的回顾与展望[J]. 科学学与科学技术管理, 2022,43(12):3-14.

[32] 王瑞祥,穆荣平. 从技术预测到技术预见:理论与方法[J]. 世界科学,2003(4):49-51.

[33] 黄鲁成,成雨,吴菲菲,等. 技术预测与技术预见及其客观分析方法[J]. 创新与创业管理,2013(9):119-132.

[34] 方伟,曹学伟,高晓巍. 技术预测与技术预见:内涵、方法及实践[J]. 全球科技经济瞭望,2017,32(3):46-53.

[35] IVANOVA K,GALLASCH G E. Analysis of emerging technologies and trends for ADF combat service support 2016:AD1027337[R]. Canberra:DST Group Edinburgh,2016.

[36] European Defence Agency. EDA technology foresight exercise 2021—methodology[R]. Brussels:EDA,2021.

[37] OLIVIER E,GERALDINE J,SOTIRIS F,et al. Weak signals in science and technologies in 2021[M]. Luxembourg:Publications Office of the European Union,2022.

[38] REDING D F,EATON J. Science & technology trends 2020—2040:exploring the S&T edge[R]. Brussels:NATO Science & Technology Organization,2020.

[39] ERTAN A,FLOYD K,PERNIK P. Cyber Threats and NATO 2030:horizon scanning and analysis[M]. Tallinn:NATO CCDCOE Publications,2020.

[40] SYLAK-GLASSMAN E J,WILLIAMS S R,GUPTA N. Current and potential use of technology forecasting tools in the federal government[R]. Alexandria:Institute for Defense Analyses,2016.

[41] 赵蔚彬. 走近美国陆军科学委员会揭秘美国陆军优势的重要动力源[N/OL]. 新华网. (2017-05-11)[2017-05-11]. http://http://www.xinhuanet.com/mil/2017-05/11/c_129600918.htm

[42] JAMES T. The strategic direction for army science and technology[R]. Arlington:Department of the Army Science Board Directorate,2013.

[43] JASON A. Emerging science and technology trends:a synthesis of leading forecasts 5th edition [R]. Arlington:Office of the Deputy Assistant Secretary of the Army (Research & Technology),2019.

[44] NICHOLS M. Navy seeks industry partners for tech intellectual property assessment[EB/OL]. [2021-03-08]. https://executivebiz.com/2021/03/navy-seeks-industry-partners-for-tech-intellectual-property-assessment/

[45] Office of the US Air Force Chief Scientist. Technology horizons:a vision for air force science and technology 2010-30[M]. Maxwell AFB:Air University Press,2011.

[46] U. S. Environmental Protection Agency. Foresight in the federal government:supplemental information [EB/OL]. https://pasteur.epa.gov/uploads/10.23719/1518545/NIHMS1523455-supplement-sup_1.pdf,2021-09-09.

[47] HEATHER W. U. S. Air Force science and technology strategy[R]. Arlington:US Air Force,2019.

[48] Secretary of the Air Force Public Affairs. Air force releases global futures report:joint functions in 2040 2010-30[R]. Arlington:Secretary of the Air Force Public Affairs,2023.

[49] DSIAC N. Horizon-scanning approach[EB/OL]. https://dodiac.dtic.mil/wp-content/uploads/2019/07/Horizon-Scanning_SURVICE_AF_WS_0119.pdf.

[50] The Science and Technology Directorate of the Department of Homeland Security. 5G-telecommunications-horizon-and-homeland-security[EB/OL]. https://www.dhs.gov/science-and-technology/publication/5g-telecommunications-horizon-and-homeland-security.

[51] DELURIO J,ERINOFF E,HULSHIZER R,et al. Horizon Scanning Protocol and Operations Manual[EB/OL]. [2015-9-1]. Http://www.effectivehealthcare.ahrq.gov/reports/final.cfm.

[52] 杜元清. 地平线扫描的概念及案例研究[J]. 情报学进展,2018,12(00):154-191.

[53] European Commission's Joint Research Centre. JRC work programme 2023-2024:brochure [EB/OL]. https://publications.jrc.ec.europa.eu/repository/handle/JRC131888.

[54] TANARRO C J,SIMOLA K,CIHLAR M,et al. Horizon scanning for nuclear safety and security yearly report-2022[R]. Luxembourg:Publications Office of the European Union,2023.

[55] European Parliamentary Research Service. Towards scientific foresight in the European parliament [EB/OL]. https://www.europarl.europa.eu/RegData/etudes/IDAN/2015/527415/EPRS_IDA%282015%29527415_REV1_EN.pdf.

[56] The European Strategy and Policy Analysis System. Horizon scanning-issue 05[EB/OL]. https://www.espas.eu/horizon.html.

[57] The Netherlands Study Centre for Technology Trends. Horizon scan 2050 a different view of the future[EB/OL]. https://stt.nl/en/over-stt/nieuws/horizon-scan-2050-a-different-view-of-the-future.

[58] Zorginstituut Nederland. Toelichting werkwijze werkgroepen horizon scan geneesmiddelen[EB/OL]. https://www.horizonscangeneesmiddelen.nl/binaries/content/assets/horizonscan/2017009870---horizonscan-geneesmiddelen-toelichting-werkwijze-werkgroepe.pdf.

[59] Korea Institute of S&T Evaluation and Planning. The 6th science and technology foresight (2021-2045)[R]. Chungcheongbuk-do,Korea:Korea Institute of S&T Evaluation and Planning,2022.

[60] NATO Communications and Information Agency. NATO launches artificial intelligence strategic initiative[EB/OL]. [2022-5-12]. https://www.ncia.nato.int/about-us/newsroom/nato-launches-artificial-intelligence-strategic-initiative.html#~:text=NATO%20launches%20artificial%20intelligence%20strategic%20initiative%20The%20NATO,better%20understand%20AI%20and%20its%20potential%20military%20implications.

[61] NATO Science & Technology Organization. Science & technology trends 2023-2043:across

the physical, biological, and information domains[R/OL]. [2023 - 03]. https://www.nato.int/nato_static_fl2014/assets/pdf/2023/3/pdf/stt23 - vol2.pdf.

[62] World Health Organization. Emerging trends and technologies:a horizon scan for global public health[R/OL]. [2022 - 03 - 11]. https://www.who.int/publications/i/item/9789240044173.

[63] 陈美华,王延飞. 科技管理决策中的地平线扫描方法应用评析[J]. 情报理论与实践,2017,40(12):63 - 68.

[64] 白晨,朱礼军,张英杰. 地平线扫描的流程研究[J]. 中国科技资源导刊,2020,52(06):10 - 19.

[65] 司谨源. 基于地平线扫描的公安情报预警模式构建[J]. 情报杂志,2020,39(01):56 - 62.

[66] 胡苑之,林海,陈洁. 水平扫描在新兴卫生技术评估中的发展及启示[J]. 中国卫生资源,2013,16(01):39 - 40.

[67] 胡自民,李晶晶,李伟,等. 水平扫描技术及其在生态学中的应用前景[J]. 生态学报,2011,31(12):3512 - 3521.

[68] BURGMAN M A. Trusting judgements:how to get the best out of experts[M]. Cambridge:Cambridge University Press,2016.

[69] PAGE S E. The difference:How the power of diversity creates better groups,firms,schools,and societies[M]. Princeton:Princeton University Press,2008.

[70] SUTHERLAND W J,FLEISHMAN E,MASCIA M B,et al. Methods for collaboratively identifying research priorities and emerging issues in science and policy[J]. Methods in Ecology and Evolution,2011,2(3):238 - 247.

[71] SUTHERLAND W J,BUTCHART S H M,CONNOR B,et al. A 2018 horizon scan of emerging issues for global conservation and biological diversity[J]. Trends in Ecology and Evolution,2018,33(1):47 - 58.

[72] GARNETT K,LICKORISH F A,ROCKS S A,et al. Integrating horizon scanning and strategic risk prioritisation using a weight of evidence framework to inform policy decisions[J]. Science of the Total Environment,2016,560 - 561:82 - 91.

[73] SUTHERLAND W J,BURGMAN M. Policy advice:use experts wisely[J]. Nature,2015,526:317 - 318.

[74] ROBINSON A P,WALSHE T,BURGMAN M A,et al. Invasive species:risk assessment and management[M]. Cambridge:Cambridge University Press,2017.

[75] SUTHERLAND W J,ALLISON H,AVELING R,et al. Enhancing the value of horizon scanning through collaborative review[J]. Oryx,2012,46(3):368 - 374.

[76] KENNICUTT M C,CHOWN S J,CASSANO J J,et al. A roadmap for antarctic and southern ocean science for the next two decades and beyond[J]. Antarctic Science,2015,27(1):3 - 18.

[77] SUTHERLAND W J,FLEISHMAN E,CLOUT M,et al. Ten years on:a review of the first glob-

al conservation horizon scan[J]. Trends in Ecology and Evolution,2019,34(2):139 – 153.

[78] SUTHERLAND W J,BAILEY M J,BAINBRIDGE I P,et al. Future novel threats and opportunities facing UK biodiversity identified by horizon scanning[J]. Journal of Applied Ecology, 2008,45(3):821 – 833.

[79] HANEA A M,MCBRIDE M F ,BURGMAN M A,et al. Classical meets modern in the IDEA protocol for structured expert judgement[J]. Journal of Risk Research,2018,21(4):417 – 433.

[80] HEMMING V,BURGMAN M A,HANEA A M,et al. A practical guide to structured expert elicitation using the IDEA protocol[J]. Methods in Ecology and Evolution,2018; 9(1):169 – 180.

[81] Washington Headquarters Services. Technology watch and horizon scanning (TW/HS) conceptual framework[EB/OL]. [2011 – 11 – 02]. https://www.highergov.com/contract – opportunity/technology – watch – and – horizon – scanning – tw – hs – conc – hq0034 – 12 – baa – twhs – 0001 – k – b85a1/.

[82] Department of Defense Research & Engineering Enterprise website. Science & technology corner, technology watch and horizon scanning for the department of defense[EB/OL]. http://www.acq.osd.mil/chieftechnologist/cto/cto_TWHS.html.

[83] 易本胜. 美国防部净评估办公室的前世今生[EB/OL]. [2016 – 09 – 18]. https://www.sohu.com/a/114509800_465915.

[84] BOLAND R. Military trolls for disruptive technologies[EB/OL]. [2014 – 07 – 01]. https://www.afcea.org/signal – media/technology/military – trolls – disruptive – technologies

[85] Defense Technical Information Center. Technical assessment: data – enabled technology watch & amp horizon scanning[EB/OL]. [2015 – 10 – 01]. https://archive.org/details/DTIC_ADA625954.

[86] GRIFFIN M. Statement by Dr. Mike Griffin under secretary of defense for research and engineering before the emerging threats and capabilities subcommittee of the senate armed services committee on technology transfer and the valley of death second session[EB/OL]. [2018 – 04 – 18]. https://www.armed – services.senate.gov/imo/media/doc/Griffin_04 – 18 – 18.pdf.

[87] SHYU H. Statement of honorable Heidi Shyu under secretary of defense for research and engineering before the senate armed services committee subcommittee on emerging threats and capabilities on accelerating innovation for the warfighter[EB/OL]. [2022 – 04 – 06]. https://www.armed – services.senate.gov/imo/media/doc/WRITTEN%20TESTIMONY_USD(RE)_SASC%20ETC%20HEARING%20ON%20ACCELERATING%20INNOVATION%20FO...pdf.

[88] United States Department of Defense. National defense science and technology strategy 2023 [EB/OL]. [2024 – 05]. https://www.cto.mil/wp – content/uploads/2024/05/2023 – NDSTS.pdf.

[89] Defence Science and Technology Laboratory. Emerging technology for defence programme[EB/

OL]. [2018 – 05 – 31]. https://www.gov.uk/guidance/emerging – technology – for – defence – programme.

[90] GRAND – CLEMENT S. How horizon scanning can give the military a technological edge[EB/OL]. [2019 – 02 – 08]. https://www.rand.org/pubs/commentary/2019/02/how – horizon – scanning – can – give – the – military – a – technological.html.

[91] Defence Science and Technology Laboratory. Dstl awards £ 350 million ASTRID contract to BAE Systems CORDA[EB/OL]. [2020 – 05 – 26]. https://www.gov.uk/government/news/dstl – awards – 350 – million – astrid – contract – to – bae – systems – corda.

[92] Defence Science and Technology Laboratory. Dstl unveils new exploration division[EB/OL]. [2021 – 03 – 31]. https://www.gov.uk/government/news/dstl – unveils – new – exploration – division.

[93] Defence Science and Technology Laboratory. Dstl and Google cloud sign a MOU as part of new AI collaboration [EB/OL]. [2023 – 06 – 14]. https://www.gov.uk/government/news/dstl – and – google – cloud – sign – a – mou – as – part – of – new – ai – collaboration.

[94] CARNEY J. The ten commandments of horizon scanning[EB/OL]. [2018 – 03 – 08]. https://foresightprojects.blog.gov.uk/2018/03/08/the – ten – commandments – of – horizon – scanning/.